# Sitzungsberichte der Heidelberger Akademie der Wissenschaften

## Mathematisch-naturwissenschaftliche Klasse

*Die Jahrgänge bis 1921 einschließlich erschienen im Verlag von Carl Winter, Universitäts-buchhandlung in Heidelberg, die Jahrgänge 1922—1933 im Verlag Walter de Gruyter & Co. in Berlin, die Jahrgänge 1934—1944 bei der Weiß'schen Universitätsbuchhandlung in Heidelberg. 1945, 1946 und 1947 sind keine Sitzungsberichte erschienen.*

### Jahrgang 1939.

1. A. SEYBOLD und K. EGLE. Untersuchungen über Chlorophylle. DM 1.10.
2. E. RODENWALDT. Frühzeitige Erkennung und Bekämpfung der Heeresseuchen. DM 0.70.
3. K. GOERTTLER. Der Bau der Muscularis muscosae des Magens. DM 0.60.
4. I. HAUSSER. Ultrakurzwellen. Physik, Technik und Anwendungsgebiete. DM 1.70.
5. K. KRAMER und K. E. SCHÄFER. Der Einfluß des Adrenalins auf den Ruheumsatz des Skeletmuskels. DM 2.30.
6. Beiträge zur Geologie und Paläontologie des Tertiärs und des Diluviums in der Umgebung von Heidelberg. Heft 2: E. BECKSMANN und W. RICHTER. Die ehemalige Neckarschlinge am Ohrsberg bei Eberbach in der oberpliozänen Entwicklung des südlichen Odenwaldes. (Mit Beiträgen von A. STRIGEL, E. HOFMANN und E. OBERDORFER.) DM 3.40.
7. Studien im Gneisgebirge des Schwarzwaldes. XI. O. H. ERDMANNSDÖRFFER. Die Rolle der Anatexis. DM 3.20.
8. Beiträge zur Geologie und Paläontologie des Tertiärs und des Diluviums in der Umgebung von Heidelberg. Heft 4: F. HELLER. Neue Säugetierfunde aus den altdiluvialen Sanden von Mauer a. d. Elsenz. DM 0.90.
9. K. FREUDENBERG und H. MOLTER. Über die gruppenspezifische Substanz A aus Harn (4. Mitteilung über die Blutgruppe A des Menschen). DM 0.70.
10. I. VON HATTINGBERG. Sensibilitätsuntersuchungen an Kranken mit Schwellenverfahren. DM 4.40.

### Jahrgang 1940.

1. F. EICHHOLTZ und W. SERTEL. Weitere Untersuchungen zur Chemie und Pharmakologie der Heidelberger Radiumsole. DM 2.20.
2. H. MAASS. Über Gruppen von hyperabelschen Transformationen. DM 1.20.
3. K. FREUDENBERG, H. WALCH, H. GRIESHABER und A. SCHEFFER. Über die gruppenspezifische Substanz A (5. Mitteilung über die Blutgruppe A des Menschen). DM 0.60.
4. W. SOERGEL. Zur biologischen Beurteilung diluvialer Säugetierfaunen. DM 1.—.
5. Annulliert.
6. M. STECK. Ein unbekannter Brief von Gottlob Frege über Hilbert's erste Vorlesung über die Grundlagen der Geometrie. DM 0.60.
7. C. OEHME. Der Energiehaushalt unter Einwirkung von Aminosäuren bei verschiedener Ernährung. I. Der Einfluß des Glykokolls bei Hund und Ratte. DM 5.60.
8. A. SEYBOLD. Zur Physiologie des Chlorophylls. DM 0.60.
9. K. FREUDENBERG, H. MOLTER und H. WALCH. Über die gruppenspezifische Substanz A (6. Mitteilung über die Blutgruppe A des Menschen). DM 0.60.
10. TH. PLOETZ. Beiträge zur Kenntnis des Baues der verholzten Faser. DM 2.—

### Jahrgang 1941.

1. Beiträge zur Petrographie des Odenwaldes. I. O. H. ERDMANNSDÖRFFER. Schollen und Mischgesteine im Schriesheimer Granit. DM 1.—.
2. M. STECK. Unbekannte Briefe Frege's über die Grundlagen der Geometrie und Antwortbrief Hilbert's an Frege. DM 1.—.
3. Studien im Gneisgebirge des Schwarzwaldes. XII. W. KLEBER. Über das Amphibolitvorkommen vom Bannstein bei Haslach im Kinzigtal. DM 1.60.
4. W. SOERGEL. Der Klimacharakter der als nordisch geltenden Säugetiere des Eiszeitalters. DM 1.40.

Sitzungsberichte
der Heidelberger Akademie der Wissenschaften
Mathematisch-naturwissenschaftliche Klasse

Jahrgang 1952, 3. Abhandlung

# Die petrogenetische Stellung der Tromm zwischen Bergsträßer und Böllsteiner Odenwald

## (Beiträge zur Petrographie des Odenwaldes VI.)

Von

## Erwin Nickel

Heidelberg

Mit 33 Abbildungen und 27 Gefügediagrammen

(Vorgelegt in der Sitzung vom 29. Juni 1951)

Heidelberg 1953
Springer-Verlag

ISBN-13: 978-3-540-01746-2    e-ISBN-13: 978-3-642-45823-1
DOI: 10.1007/978-3-642-45823-1

# Die petrogenetische Stellung der Tromm zwischen Bergsträßer und Böllsteiner Odenwald.
## (Beiträge zur Petrographie des Odenwaldes VI.)

Von

**Erwin Nickel,** Heidelberg.

Mit 33 Abbildungen und 27 Gefügediagrammen.

Vorgelegt in der Sitzung vom 29. Juni 1951.

## Inhaltsverzeichnis.

## Vorwort.

Die Frage nach dem Verhältnis des „Bergsträßer Odenwaldes" zum „Böllsteiner Odenwald" ist nicht eine der vielen zu klärenden Fragen des kristallinen Odenwaldes, sondern die primäre und entscheidende.

Denn je nach der Beantwortung dieser Frage wird die Auffassung der vorhandenen Gesteinsarten verschieden sein. — Der Streit ist so alt wie die Bearbeitung des Odenwaldes selbst. Klemm, der die Möglichkeit einer solchen Unterscheidung bestritt, berief sich besonders auf strukturelle Übergänge. Andere, so z. B. v. Bubnoff, forderten von tektonischen Gesichtspunkten aus eine Zweiteilung.

In der vorliegenden Arbeit wird der Versuch gemacht, die tektonischen Verhältnisse unter Zuhilfenahme struktureller und textureller Unterscheidungen zu klären. Die Zugleichbeschreibung von Struktur und Textur einerseits und geologischer Lagerung mit tektonischer Analyse anderseits ist im Falle der Grenzziehung Bergsträßer/Böllsteiner Odenwald bisher vernachlässigt worden. Die bisher geübte „symptomatische Behandlung" in der Unterscheidung beider Anteile bedarf einer näheren Begründung.

Die Gesteinstypen des Odenwaldes weichen von den synonym kartierten Typen anderer varistischer Mittelgebirge ab. Eine Verständigung mit denen, die den Odenwald nicht vom Augenschein her kennen, wird dadurch erschwert. Dafür finden sich wieder mit anderen Gebirgen vergleichbare Gesteine, die in den beiden vergleichbaren Gebieten verschieden kartiert sind. Schließlich haben einige Gesteine des Odenwaldes überhaupt irreführende Namen.

Prinzipielles zur Auffassung der Bergsträßer Verhältnisse hat O. H. Erdmannsdörffer [45] erst neulich veröffentlicht. Dieser Arbeit und einer entsprechenden (älteren) von D. Korn [19] für den Böllsteiner Teil sind Gefügediagramme beigegeben. Für den Bergsträßer Teil stehen außerdem noch Diagramme von W. Portmann [62] zur Verfügung. Schließlich sei noch an B. Sanders [65] Messungen am Melibokus und an der Lindenfelser Litzelröder erinnert. An zu Vergleichen und Unterscheidungen heranziehbaren Gefügebildern fehlt es also nicht. Hingegen bedarf es noch Gefügeanalysen für Teilphasen des Bergsträßer Intrusionsvorganges. Außerdem fehlen Gefügediagramme für die strittigen Gebiete an der Grenze Bergsträßer/ Böllsteiner Odenwald. Besonders die Aschbacher Gesteine bedürfen einer Klärung. — Hier soll die vorliegende Arbeit einen Teil des Fehlenden ergänzen.

An Arbeitsmaterial standen dem Verfasser außer den in den Jahren 1947—49 selbst gesammelten Handstücken die Odenwaldsammlungen samt den Dünnschliffen des Heidelberger Mineralogisch-Petrographischen Institutes zur Verfügung, darunter auch das Material der Arbeiten von S. REINHEIMER [15] und V. LEINZ [20]. — Vor allem aber halfen mir die den Arbeiten von Herrn Prof. O. H. ERDMANNSDÖRFFER zugrunde liegenden Gesteinssuiten und Dünnschliffe, für deren Mitbenutzung und die vielen Ratschläge ich sehr dankbar bin. — Im ganzen mögen außer etwa 350 vorhandenen Schliffen noch 150 aus der Bearbeitung der „Wechselbeziehungen" [58] des Verfassers und ebenso viele zu dieser Arbeit neu angefertigte zur Durchsicht gekommen sein.

Die verwendete Literatur umfaßt zunächst die bereits in den „Wechselbeziehungen" [58] genannte. Ich habe daher die Zusammenstellung jener Arbeit mit unveränderter Numerierung in diese übernommen. Die neu genannten Arbeiten schließen sich — ebenfalls alphabetisch — an die vorigen an. Aufarbeitung älterer Literatur wurde soweit erstrebt, daß diejenigen, die sich über den erreichten Stand bezuglich der Anschauungen über den mittleren kristallinen Odenwald orientieren wollen, ohne ein jeweiliges Zurückgreifen auskommen können. — Nicht verzichtet werden kann aber von jenen auf die Benutzung der Analysenzusammenstellung von G. KLEMM [11]; Besprechungen von Analysen sind in dieser Arbeit zurückgestellt.

Der Heidelberger Akademie habe ich besonders für ihr Entgegenkommen zu danken, eine große Zahl von Bildern und Diagrammen in den Druck zu übernehmen.

## A. Einführung und Problemstellung.

In vorliegender Arbeit soll die Schaffung einer Rahmenvorstellung für die im nördlichen Odenwald noch harrenden Einzelprobleme, wie sie in den „Wechselbeziehungen" [58] begonnen wurde, fortgesetzt werden. Es wurde im Verlaufe der damaligen Bearbeitung (die unter anderem das Verhältnis Kalifeldspat : Hornblende klarer fassen sollte) deutlich, daß uns vor aller weiteren Detailarbeit zunächst eine zusammenfassende Darstellung der petrographischen und tektonischen Erscheinungen, die sich im Osten und Südosten an das damalige Kartierungsgebiet anschließen, nottut.

Durch die schon erwähnten Arbeiten von ERDMANNSDÖRFFER, KLEMM, LEINZ, KORN, PFANNENSTIEL, PORTMANN und eigene Studien liegen so viele Einzelbearbeitungen vor, daß eine Zusammenschau möglich ist. Eine solche ist besonders dann vonnöten, wenn (wie in unserem Gebiete) die mineralfaziellen Bedingungen eine gewisse Monotonie im Modalbestand ergeben. In Mobilisationszonen zumal verschließt sich der stete Wechsel des Hornblende-Biotitquotienten einer differenzierenden Analyse, da bei gleichem Schwanken dieser Quotienten im Ausgangsmaterial nicht auszumachen ist, ob gerade dieser Metamorphit, Metablast oder Metatekt einem solchen, jener einem anderen Ausgangsmaterial entspricht. Damit rücken aber auch chemische Überlegungen an die zweite Stelle; wenn Leitmineralien fehlen, sind die beweisstärksten Argumente im feldgeologischen Verband und im Strukturvergleich zu suchen.

Das fragliche Gebiet östlich der damaligen Kartierung ist das Grenzgebiet zwischen Bergsträßer und Bollsteiner Odenwald; es umfaßt geographisch die Höhenzüge der Tromm mit seinen nordlichen Ausläufern. Ich werde den gesamten Bergrücken von Waldmichelbach im Suden bis zu den Bergen nördlich vom Stotz (Weschnitz/Ostern) in folgendem „Tromm" nennen.

Von diesem Gebiet hat v. Bubnoff [16] unter Benutzung der G. Klemmschen Odenwaldkarte (1 : 100000) eine tektonische Skizze entworfen. F. E. Suess [71] schließt sich den hier vertretenen Ansichten im wesentlichen an. Den Konsequenzen, die v. Bubnoff zog, ist hernach zwar mehrfach widersprochen worden, so von Klemm selbst [8]; die Karte ist aber zweifellos geeignet, in die Problematik einzuführen (Abb. 1).

Die Tromm wird dargestellt als ein Granitmassiv, das in einem mehr oder weniger rheinisch verlaufenden Spaltensystem intrudiert ist, wobei es einen westlichen, varistisch ziehenden Bergsträßer Anteil (Flasergranite) von einem flach antiklinal gebauten „Böllsteiner Odenwald" (Gneise) trennt. Jüngere Mylonitisierungen längs des Bruchsystems, das als Bewegungszone fungierte, haben die angrenzenden Gesteine bis zur Unkenntlichkeit zermahlen. Die Bewegungen entstanden nach v. Bubnoff durch einen SSE-Druck, der das Böllsteiner Massiv (im Gegensatz zur Verfaltung der Bergsträßer Züge) als „alte starre Masse" erfaßte, aufwölbte, die metamorphen Schiefer aufblätterte und in die Fugen granitisches Material lagerartig intrudieren ließ. Mit Hilfe von „granittektonischen Messungen" wird versucht, eine solche Druck- und Bewegungsrichtung, die nach H. Cloos [43] typisch für „Bewegungen an einer großen rheinischen NNE-Störung" sei, verständlich zu machen[1]. v. Bubnoff meint dazu: „Die von Deecke für den Schwarzwald angenommene alte Natur der rheinischen Linien erfährt also auch hier eine ausgezeichnete Bestätigung" (S. 28). Ein so in einer Zerrüttungszone aufgedrungener Granit würde den „Südschwarzwälder Zweiglimmergraniten, die dem Zuge der Bonndorf-Lenzkircher Spalten folgen", entsprechen.

Am Südende des Odenwaldes, an dem sich der Trommgranit verbreitert, liegt das sog. Schollenagglomerat zwischen Birkenau,

---

[1] Cloos erläutert: „Das Streichen lenkt in die Richtung der Störungslinie selber ein; es geschieht auch hier im Sinne einer Vorschiebung des Ostflügels. Am vollständigsten ist diese Transversalflexur im Odenwald aufgeschlossen, da die Hauptspalte hier nicht am Rande, sondern im Inneren des Gebirges verläuft." v. Bubnoff führt als Beweis für eine Nordablenkung der N 50 E streichenden Bergsträßer Züge unter anderem die Injektionszone von Lindenfels an, wo der Schenkenberg, zu einer Sichel verbogen, in den Zerknitterungsfugen Raum für Injektionen bot. Obwohl Klemm nachweisen konnte, daß ein Teil dieser Umbiegungen nur auf dem Papier (der geologischen Karte) existiert, bleibt für einen Rest die Problemlage bestehen. — Es ist bemerkenswert, daß auch in anderen Teilen des mittleren Odenwaldes Injektionen dort beobachtet werden, wo örtliche Änderungen der Streichrichtung auftreten.

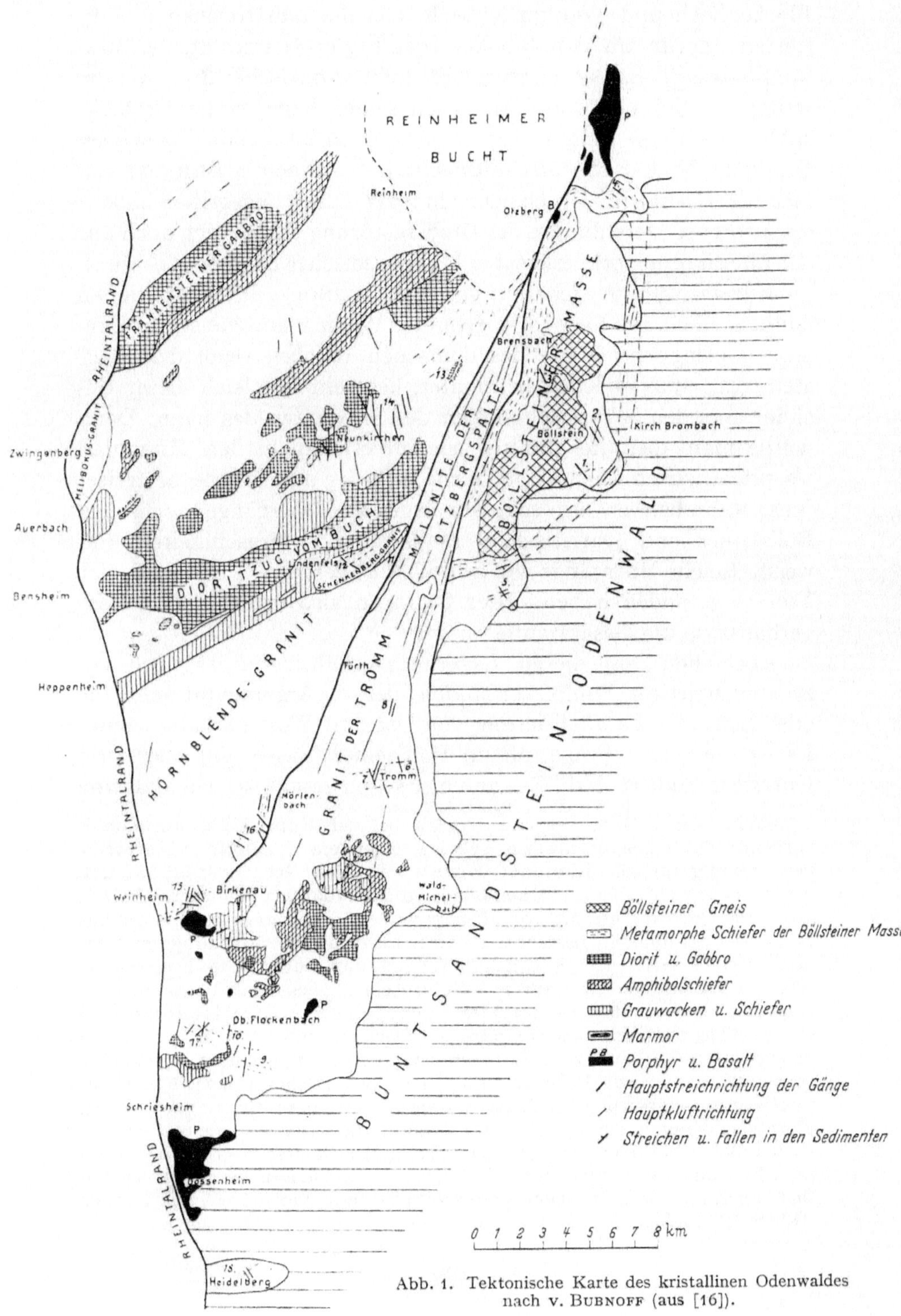


Abb. 1. Tektonische Karte des kristallinen Odenwaldes nach v. Bubnoff (aus [16]).

Flockenbach und Waldmichelbach, das die umstrittenen mobilisierten Diorite im Amphibolitverband [20, 58] enthält. v. Bubnoff schreibt (S. 33): „Ursprünglich ein variskischer Zug, wie die weiter im Norden, wurde er wegen seiner Lage in der Otzbergspalte in einzelne Teile zerlegt ..., die dann bis zu einem gewissen Grade die NNE-Bewegung mitmachten." — Nach v. Bubnoff soll hier außer dem SSE-Druck noch ein SSW-Druck angegriffen haben; ein zeitliches Durchhalten der Otzbergstörung ergäbe sich auch aus der Einschaltung präpermischer bis kenozoischer Ergüsse (s. Abb. 1).

Klemm wandte sich nun gegen v. Bubnoffs Interpretationen hauptsächlich aus folgendem Grunde: Wenn man, wie schon Lepsius (Geologische Karte des deutschen Reiches 1896) den Böllsteiner als starren Klotz betrachtet, liegt ein Vergleich dieser Gesteine mit den Schapbachgneisen des Schwarzwaldes nahe. Dann würde man aber die granitischen Intrusionen in den Paraanteil als prävaristisch anzusetzen haben. Dieses nun gerade bestreitet Klemm, indem er auf sog. strukturelle „Übergänge" zwischen Böllsteiner und (varistischen) Bergsträßer Gebirgseinheiten hinweist. Solche Übergänge will nun Klemm gerade am Nordende der Tromm gefunden haben. Hier bedingen also örtliche Verbandsverhältnisse die Gesamtauffassung[1].

Abgesehen von diesen Lagerungsverhältnissen ist noch ein zweiter strittiger Punkt vorhanden, der zu Argumentationen für oder gegen die Parallelisierung von Ost und West herhalten muß. Es ist die offene Frage, ob im Böllsteiner Massiv ein oder zwei Granite intrudiert sind. Es kann hier schon gesagt werden, daß eine

---

[1] Wie sehr v. Bubnoff und Klemm bei der Kontroverse aneinander vorbeigeredet haben, ergibt sich z. B. aus folgendem: v. Bubnoff beschreibt den Trommgranit als diskordant, Klemm weist (mit Recht) darauf hin, daß wir im Odenwald überhaupt keine einzige diskordante Granitmasse haben, „weil alle Odenwaldgranite von Mischgesteinen eingerahmt werden, die aus injizierten Sedimenten bestehen, deren Schichtung die Streckung der Granite parallel geht" (S. 38 a. a. O.). Wenn nun auch diese Feststellung Klemms stimmt, so ist doch nicht einzusehen, wieso das Vorhandensein eines solchen Assimilationskontaktes die Hypothese eines zwischen beiden Odenwalden aufgedrungenen Granites widerlegen soll. Ob der Granit im diskordanten Verband zum Rahmen oder im „konkordanten Intrusionsverband" zu diesem Rahmen steht, ist doch zunächst eine Frage des pt-Niveaus. — Ebenso unfruchtbar waren die Argumentationen um den sog. Hornblendegranit, der nördlich der Tromm die Grenze Bergsträßer/Böllsteiner Odenwald überschreiten soll. Es muß sich erst noch erweisen, ob es richtig ist, wie Klemm über die Grenze einheitlich zu kartieren, so daß sich „auch hierdurch die scharfe Grenze vollständig verwischt", wie Klemm ([8], S. 32) meint.

solche Frage für un ser Problem irrelevant ist, da zweifellos beide
Granite bzw. der gesamte Granit, vergneist vorliegen. — In diesem
Sinne äußert sich auch D. KORN [19], indem sie von der Tatsache
ausgeht, daß es (S. 181) „nicht möglich ist, eine Kartierung des
Böllsteiner Odenwaldes mit Unterscheidung eines älteren und
jüngeren Flasergranites durchzuführen". Bereits KLEMM meinte,
daß der ältere Granit noch heiß gewesen sein müßte, als der jüngere
intrudierte, aber KLEMM wehrt sich dagegen, die Trennung in zwei
Granite überhaupt aufzugeben. Nun sind in der Tat kaum scharfe
Grenzen zu ziehen, leichte Diskordanzen zwischen dem Lagegefüge
beider gehören zu den Seltenheiten. Da aber, wie gesagt, beide
Granite gemeinsam eingeschlichtet, „vergneist" wurden, oder (was
D. KORN für wahrscheinlicher hält) „beide" in ein und derselben
Intrusion — Blatt für Blatt sich in die Schiefer fressend — „zusammen" ihre Paralleltextur erhielten, genügt es für unsere Be-
trachtungen, den Komplex als Ganzes zu behandeln[1]. D. KORN
meint, daß „es nicht zwingend ist, als Ursache der Auslösung nach-
weisbarer NS-Bewegungen zur Zeit der karbonischen Gebirgsbildung nur ‚alte starre, im Block bewegte Klötze‘ in Betracht
ziehen zu müssen" (S. 179).

F. E. SUESS [71] fußt auf den LEPSIUSschen Angaben (vgl. die
Literatur-Nr. 154 und 155 bei SUESS), daß „beide Gneisarten ...
in ihrem Gesamthabitus und ihrem Mineralgehalt lebhaft an die
roten und grauen Gneise auf dem Erzgebirge in Freiberg" erinnern,
und verbindet sie so (nicht wie v. BUBNOFF mit dem Schwarzwald,
sondern) mit erzgebirgisch-thüringischen Elementen. SUESS läßt
den Böllsteiner an Ort und Stelle stehen und denkt sich den Bergsträßer als von Süden herangerückt. Aus der v. BUBNOFF/KLEMM-
schen Kontroverse hält er sich sonst aber heraus mit den Worten
(S. 102): „Nach den vorliegenden Darstellungen wäre zu vermuten,
daß die gegenwärtige Trennungsfläche (der Otzbergspalte) nicht
mehr der ursprünglichen Überschiebungsfläche entspricht, sondern
daß der aufgeschobene Bergsträßer Odenwald an der Bruchlinie
abgesunken ist, mit der sich jetzt beide Gebiete berühren. Nach
KLEMMs Darstellung scheint es, daß namentlich im Süden die
Grenze infolge der jüngeren Intrusion des Trommgranites und der

---

[1] Nach D. KORN unterscheidet sich der „ältere", dunklere vom „jüngeren", aplitischen Granit einfach dadurch, daß der helle das saure Intrusiv-
gestein selbst ($G_2$) darstellt, während die dunkle Abart (G) durch Vermischung mit dem metamorphen Schieferanteil entstanden ist.

Bildung von Mischgesteinen undeutlich geworden ist. Odenwald und Spessart bilden eine verbindende Inselbrücke zwischen der Zone der Intrusionstektonik in den oberrheinischen Horsten und der nicht metamorphen Falten- und Deckentektonik der rheinischen Schiefergebirge. Ein Teil des Vorspessarts gehört nach Klemm zum Böllsteiner Odenwalde. Deutlichere Anzeichen der zwischen beiden einzuschaltenden Zone der metamorphen Falten- und Deckentektonik finden sich im nördlichen Vorspessart ..." Soweit Suess.

Zwei Jahre später steht sogar bei Klemm (2. Auflage der Erläuterungen zu Blatt Erbach 1928, S. 6) der Passus: „ . . . die Massen . . . östlich der Otzbergspalte hatte Chelius als Böllsteiner Gebiet dem Bergsträßer Gebiet gegenübergestellt. Verfasser ist aber jetzt der Ansicht, . . . daß diese Unterscheidung . . . höchstens insofern berechtigt ist, als die Gesteine auf der Ostseite der genannten Verwerfung eine kuppel- oder gewölbeartige Auffaltung zeigen. Auch erscheint es wohl denkbar, daß die Gesteine der Böllsteiner Kuppel einem etwas weniger tiefen Horizont des Grundgebirges angehören als die des Bergsträßer Odenwaldes, worauf gewisse Unterschiede in der Textur hinweisen." Das ist in der Tat genau das und nicht weniger, was Chelius im Jahre 1897 bereits sozusagen „auf Anhieb" in den Erläuterungen zu Blatt Brensbach/Böllstein S. 5 äußerte: „ . . . an der Otzbergspalte ist das östliche Gebiet an dem westlichen abgesunken . . . " und S. 7: „ . . . daß sich die beiden Gebiete . . . durch die Ausbildung und Lagerung der Granite wesentlich unterscheiden, rührt wahrscheinlich daher, daß in den beiden Teilen zwei verschieden hohe oder tiefe Stücke des Grundgebirges nebeneinandergerückt sind."

Man sieht aus all dem, daß die Behauptung, Deutung oder auch Leugnung der fraglichen Grenzziehung Bergsträßer/Böllsteiner Odenwald regionale Konsequenzen nach sich zieht. Es ist daher wichtig, daß in der neueren Arbeit O. H. Erdmannsdörffers [45] unterscheidende Indizien angeführt werden. Erdmannsdörffer beschränkt ausdrücklich das von Klemm für den gesamten Odenwald angenommene Prinzip der synkinematischen Kristallisation auf die Gesteine des Bergsträßer Anteils: hier erstarrte der Granit usw. unter Assimilation von Altmaterial so, daß die flaserige Körnelung späte Bewegungsphasen fixiert, bei denen die schon ausgeschiedenen Kristalle in einem noch pegmatitisch-hydrothermalen Restbrei „blastomylonitisch" gerollt wurden. Die Gesteine des

Böllsteiner Anteils hingegen erweisen sich postkinematisch kristallisiert, und zwar in ihren „granitischen" wie in ihren „schieferigen" Lagen, so daß der „injektionsartige Wechsel von Granit- und Schieferlagen" als Wechsel von Ortho- und Paraanteil beschrieben werden muß. Unter diesen Gesichtspunkten muß bei einer Behandlung der sog. „Übergangsstrukturen" und bei einer Bearbeitung der Tromm als petrographischem Bindeglied beider Einheiten eine prinzipielle Klärung erzielbar sein.

Im ersten Teil der Arbeit soll insbesondere zugesehen werden, was es mit den kontinuierlichen Übergängen im Sinne KLEMMs auf sich hat[1].

Im zweiten Teil wird an Hand der Trommgesteine die Niveaufrage, das Überschiebungsverhältnis, die Art der Mischgesteinsbildung und die Altersfrage zu diskutieren sein.

1. Teil.

# Bergsträßer und Böllsteiner Odenwald.

## B. Texturen und Strukturen im Bergsträßer und Böllsteiner Odenwald.

### I. Die Bergsträßer Flaserstruktur.

Diese bei O. H. ERDMANNSDÖRFFER [45] ausführlich beschriebene (quasiblastomylonitische) Struktur wurde schon bei der „Einführung" kurz charakterisiert. Hier genügt die Nennung eines Beispieles (Felsberg bei Reichenbach).

Wir finden Oligoklase (20—22%, 25% An), die zwischen zum Teil rekristallisierten Quarzen gerollt worden sind; zerbrochene Individuen sind durch Kalifeldspat verheilt. Einzelne kleinere Plagioklase haben 18—20% An. Die zentimetergroßen Kalifeldspataugen sind durch die gleiche Beanspruchung, die die Plagioklase zum Rollen brachte, zerdrückt, zum Teil umkristallisiert und liegen dann als blastische Bildungen vor. Sie einverleiben sich die benachbarten Plagioklase unter Ausbildung von Myrmekit und werden von intergranularem Symplektit umsäumt.

### II. Die Böllsteiner Gneisstruktur.

Die streifig-lagigen Böllsteiner Gesteine sind nach O. H. ERDMANNS-DÖRFFER [45] postkinematisch (re)kristallisierte Gneise, entstanden durch einen „einheitlichen Kristallisationsvorgang des Ganzen unter alpinotyper Bewegungsart".

---

[1] KLEMM nennt Lokalitäten, er schreibt z. B. ([8], S. 32): „ . . . man findet auch (unter den westlichen Flasergesteinen) nicht selten Gesteine, die den (Böllsteiner) Augengneisen ähneln, . . . zwischen Auerbach und Felsberg, Neunkircher Höhe, bei Billings, . . . Gumpen . . ."

Dunkle Abart. Biotit und der mit Erz vergesellschaftete Muskowit (kleine Leisten) bilden Polygonalbögen, zwischen denen mit xenoblastischer glatter Grenze die Plagioklase (Oligoklas) liegen. Fleckige Serizitisierung. An Akzessorien enthalten die Mafitbögen außer Apatit einzelne Orthite. Haupterz ist Magnetit, umrändert von rotbraunen Höfen. Ein Teil des Erzes stammt von der Ausscheidung des durch Feldspat korrodierten Biotites. Der Muskowitanteil wechselt.

Wo heller Glimmer selbständig auftritt, finden sich Übergänge zu gewundenen ungestörten Granatglimmerschiefern. Es handelt sich um Zweiglimmerschiefer; der Quarz sitzt außer in Zwickeln auch in Löchern des hellen Glimmers; im Biotit hingegen sind keine derartigen Kanäle. Die durch die Quarzfülle isolierten Muskowitblättchen in den Kanälen sind wirr aggregiert.

Der Plagioklas des Granitgneises ist schwach zonar. In der dunkleren Abart hat er 33—26% An und zeigt im allgemeinen Zwillingsbildung. Die Zwillingslamellen sind ungestört; einzelne von Biotit eingeengte Individuen haben Verbiegungen.

Der Quarz zeigt Knitterung. Die Quarzdurchlöcherung der Plagioklase, wie sie für den Böllsteiner Komplex charakteristisch ist, ist vermutlich gleichalterig der Quarzausbildung des Zwischengefüges, da man gelegentlich beobachten kann, daß die Quarz-„Löcher" im Feldspat mit dem Zwischengefüge zusammenhängen, ohne daß ein Hiatus erkenntlich ist. Es ist verständlich, daß die undulöse Auslöschung der größeren Außenquarze mehr ins Auge fällt als eine entsprechende bei kleinen Individuen[1].

In der Knitterung der Quarze spiegelt sich eine späte, unbedeutende Beanspruchung. Wo Mikroklin reichlicher vorhanden ist (der Mikroklingehalt ist umgekehrt proportional der Mafitmenge, die sich kontinuierlich ändert), erkennt man die Fortsetzung der Knitterung in den Mikroklinen, die leicht gegittert sind. Myrmekitische Verwachsungen an den Säumen der sich einschaltenden Mikroklinzüge treten zurück, fehlen aber nicht ganz. Der Anorthitgehalt der Plagioklase in solchen kalifeldspatreicheren Gesteinen sinkt auf 23—25% An. Serizitische Nester in erkennbarer Abhängigkeit von Kalifeldspatnachbarschaft entwickeln sich besonders von Korngrenzen aus und bevorzugen kristallographische Richtungen (Spaltfugen).

---

[1] Die fruhere Feststellung, daß die Außenquarze undulös, die Einschlußquarze nicht undulös seien, kann nach dem vorliegenden Material ebensowenig bestätigt werden, wie die Angabe fehlender Feldspatverzwillingung (s. Abb. 2). Im Gegenteil, manche Strukturbilder erinnern geradezu an solche von Dioritaoriten.

Außer dem schon genannten Übergang der Granitgneise in Zweiglimmerschiefer gibt es noch andersgeartete Einschaltungen, nämlich solche von flasrigen Plagioklas-Biotitgesteinen, die auf den älteren Karten als „Diorit" ausgeschieden worden sind. So z. B. das Gestein von Rohrbach: es besteht aus paralleltexturiertem Biotit, etwas Quarz und einem trüben Andesin; maximaler Anorthitgehalt 55%.

Diese Gesteine nehmen eine Sonderstellung insofern ein, als sonst die „typisch Böllsteiner Granitgneise" in ihrem Übergang zu paralleltexturierten Biotit-Plagioklasschiefern eine L a g e n t r e n n u n g nach Art eines eingeschlichteten Injektionsgefüges haben (Kalifeldspat rosa, Oligoklase weißlich), wäh-

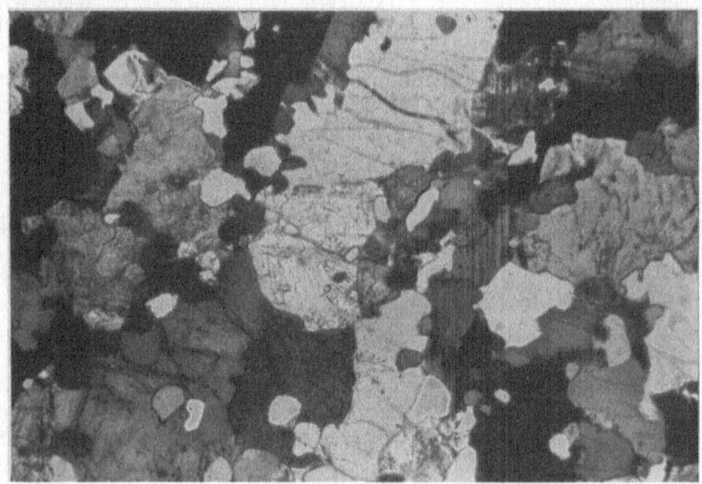

Abb. 2. Böllsteiner Gneis von Oberkainsbach-Langenbrombach. Vergr. 25 ×.
Quarz„löcher" in Feldspat; rechts Plagioklase (Zwillingslamellen!).

rend bei dem hier besprochenen Gestein von solcher Lagentrennung keine Rede ist:

Wir haben makroskopisch grünliche, eng nach (010) und der Periklinspaltbarkeit verzwillingte Plagioklase von 45—38—33% An, die sich gegenseitig umschließen, wobei der umschlossene Teil jeweils eine größere Idiomorphie zeigt, und aus polygonal aggregiertem dunklen Glimmer, der die serizitisch-trüben Plagioklasaugen umschließt.

H e l l e  A b a r t. Die mafitarme bis mafitfreie Variante des Böllsteiner Granitgneises ($G_2$) ist von den leukokraten Partien der dunklen Abart (G) strukturell kaum zu unterscheiden. Das charakteristische panallotriomorph-pseudoaplitische Gefüge tritt etwas deutlicher in Erscheinung. Der Plagioklas führt nur noch 15 bis 10% An, es wird an Menge vom xenoblastischen Mikroklin übertroffen. Neben dem Biotit kann Muskowit auftreten. Die Quarzdurchlöcherung ist überaus auffällig. — Wir haben offenbar eine vollständige Reihe von Biotit- und Zweiglimmerschiefern bis zu meta-aplitischen Gesteinen. Wenn man eine der Vergneisung vorausgehende granitische Injektion annimmt, so ständen einem monometamorphen Granitanteil der polymetamorphe Schieferanteil gegenüber. (Eine Abpressung granitischer Substanz aus den Schiefern ist meines Wissens noch nicht näher diskutiert worden.)

### III. Die sog. „Übergangsstrukturen"
### innerhalb des Bergsträßer Anteils.

„Übergangsstrukturen" gibt es nur innerhalb des Bergsträßer Anteils mit der Tendenz zum Böllsteiner Phänotyp. Hingegen gibt es (wenn wir von den sog. „Dioriten" im Böllsteiner Odenwald absehen wollen) innerhalb des Böllsteiner Anteils keine Tendenz zum Bergsträßer Phänotyp. Das hängt damit zusammen, daß die Böllsteiner Vergneisung uniformierend wirkt, die Art und Weise der Bergsträßer Gesteinsbildung aber nicht. Der Sonderfall Aschbach muß getrennt behandelt werden.

Das heterogene Bild des Bergsträßer Anteils beruht

1. auf reliktischen Gneis- und Schieferstrukturen,
2. auf Einlagerungen statisch rekristallisierter Altbestände in Flasergraniten (Metablastese),
3. auf Neuausscheidung mobilisierter Anteile (Dioritisierung),
4. auf der Erhaltung tektonisch nicht überfahrener Inbibitionszonen.

Unter diese 4 Punkte sind die sog. Übergänge KLEMMs (an den von ihm genannten Örtlichkeiten) zu subsummieren. KLEMM scheidet z. B. die metablastischen Einlagerungen nicht eigens aus, sondern kartiert sie als Granit (reich an assimiliertem Schiefermaterial), wodurch die falsche Anschauung entsteht, daß die beobachteten (als statische Rekristallisate erkannten) Gesteine „granitisch" wären, zumal solche Einlagerungen größere Dimensionen einnehmen und infolge der erreichten Mobilität kontinuierlich in die blastomylonitisch texturierten Flasergranite übergehen. Es nimmt nicht wunder, daß solche Metablastite gneisartig aussehen und dann mit Böllsteiner Gesteinen vergleichbar sind.

Es kommt hinzu, daß unter gewissen Bedingungen dioritische Mobilisate (streifige Gesteine „im Forst") des Bergsträßer Odenwaldes Strukturähnlichkeiten mit Augengneisen (Hornblendegneis am Dachsberg bei Ostern) aufweisen können.

Die nachstehend aufgeführten Einzelbeispiele gliedern sich zweckmäßig in

a) Gneis- und Schieferrelikte und metablastische Einschaltungen in der Flasergranitzone Felsberg-Neunkirchen.

b) Dioritartige Mobilisate in der Granit-Schieferzone von Bensheim-Reichenbach.

*a) Gneis- und Schieferrelikte sowie metablastische Einlagerungen*
*in der Flasergranitzone Felsberg-Neunkirchen.*

Am Felsberg-Nordhang stehen die sog. injizierten Schiefer an, die schon CHELIUS [1] als kristalline Schiefer der „westlichen abnormen Gneisformation" erkannte und eingehend gliederte (Profil!), die aber von späteren Bearbeitern zugunsten der magmatischen Umgebung vernachlässigt wurden. Auf der jüngeren

KLEMMschen Karte ist nur noch die Rede von jüngerem Granit mit zahlreichen Bruchstücken metamorpher Schiefergesteine, während auf der älteren Karte wenigstens Schiefer und Granit wechselnd kartiert sind. Der Hell–Dunkel-Lagenwechsel, wie ihn die Abb. 3 zeigt, beruht gar nicht auf granitischer Injektion, auch in den hellen Lagen findet sich (neben Biotit und Quarz) als Feldspat nur Oligoklas. Basischere Typen der Paragenese Plagioklas, Biotit ( + Epidot ) , Hornblende , Quarz führen einen Andesin. Hier ist besonders deutlich, daß der Anorthitgehalt in den helleren wie in den dunkleren Lagen gleich ist: wir finden fleckig lamellierte Individuen (mit Rekurrenzzonen) von (43 — ) 40 — 35 ( — 33 ) % An; alle Feldspate sind Umkristallisate. Quarz besonders in den hellen bis mafitfreien Lagen in gewundenen Zügen.

Von dieser Lagenausbildung ist zu unterscheiden ein granitisch -injizierender Einfluß des auch als $G_2$ kartierten Melibokusgesteins, das die vorgenannten untereinander parallel stehenden, steil aufgerichteten, paralleltexturierten

Abb. 3. Sog. injizierter Schiefer vom Felsbergnordhang (8/10 der Natur).

Metamorphite umgibt, durchsetzt und unter Erhaltung der texturellen Richtungselemente granitoide Mischgesteine bildet. Die letzteren haben die typisch blastomylonitische körnelig-flasrige Struktur der Bergsträßer Granite; sie unterscheiden sich also sehr wohl von den Metamorphiten. Die Überlappung alter Lagentrennung von Injektionslagentrennung, die Fortführung vorgefundener Texturrichtungen durch die Granitflaserung und das Auftreten von Mischtypen zwischen Gneis und Granit führte zur Behauptung von „Übergangstypen zwischen Bergsträßer und Böllsteiner Ausbildung" an dieser Stelle.

Abgesehen von der prinzipiellen Unterscheidbarkeit von Granit und Gneis (bzw. metamorphem Schiefer) sind die Verhaltnisse im Gebiet

zwischen Melibokus und Felsberg allerdings noch durchaus ungeklärt[1]. In
der Serie Granit, flasrig ($G_2$ fl)

       Granit streifig, hybrid durch metamorphe Schiefer ($G_2$ ms)

       Granit, Schieferpakte injizierend ($G_2$ mit ms)

einerseits, wie in
der Serie lagengneisartige metamorphe Gesteine (ms)

       amphibolitische Schiefer (msh)

bleiben die wechselseitigen Beziehungen dadurch verschleiert, als durch die
jüngste blastomylonitische Überprägung zur Zeit der Melibokusgranit-
intrusion die Altbestände strukturell angeglichen wurden.

    Immerhin lassen sich auch die eingeschlossenen Schiefer des Melibokus
in zwei Anteile trennen. Wie man sich in den Zwingenberger Granitbrüchen
überzeugen kann, ist ein dunkler, amphibolitischer Anteil (in der Granitflaserung liegend) und ein heller, gneisartiger, diskordant eingeschalteter
Anteil zu unterscheiden.

    Auf neuerlich besser aufgeschlossene Kalksilikathornfelse, die von pegma-
titischem Material umschlossen, zum Teil erhalten, zum Teil zu Mischgesteinen aufgearbeitet vorliegen, wies mich dankenswerterweise Herr Prof.
L. Ruger hin. Diese Gesteine harren noch der Bearbeitung.

    Der ganze Melibokushang nach Osten besteht aus der streifigen Variante.

Am Ostende des Felsberges treten im Anschluß an die sog. „injizierten Schiefer" (das sind also die streifigen Metamorphite) und
die granitischen Injektionen in eben diese streifigen Metamorphite
noch Reste alter Paragesteine auf, die die strukturelle Angleichung
besser überstanden haben: Die kalksilikatischen Einschaltungen
bei Hoxhohl-Brandau sehen makroskopisch aus wie „gestreckte
dunkle Flasergranite"; unter dem Mikroskop zeigt sich aber deutlich das Kontaktgefüge:

Zwischen Epidot-Chlorit-Erzzöpfen, verglimmerter Zwischenmasse und Quarz finden sich klare Oligoklas-Andesine mit Biotit-
spreu und diablastischer Quarzdurchlöcherung. Etwas entfernter
von diesen Zügen ist die grüne Hornblende größer, wie bei normal
granodioritischen Gesteinen. Titanite mit Erz, sowie Epidote, die
Orthitkristalle umwachsen, werden aus den kalksilikatischen Zügen
übernommen. Die Orthite sind nach (100) verzwillingt.

Auch biotitführende, quarzärmere metamorphe Schiefer ver-
lieren sich unter Verstreuung ihrer Akzessorien in das umgebende
Gestein. Die Biotite liegen ausnahmslos in s; der Pol ist in der $xz$-
Ebene verzerrt, er gibt die leichte Wellung des Gefüges wieder[2].

---

[1] Über die genaue Abtrennung des eigentlichen Melibokusgranits vom
$G_2$-Komplex wird zur Zeit im geologischen Institut Heidelberg gearbeitet.
(Nachtr. des Verf.)

[2] W. Portmann [62] schreibt zu den genannten Gesteinen (S. 35): „An
der Straße Hoxhohl-Brandau wird der Schieferzug von feinkörnigen Biotitschiefern gebildet, deren Schieferung 60° streicht und 70—75° nach SE einfällt. Es besteht ein konkordanter Verband mit dem Hornblendegranit, der

Im Hinblick auf solche einwandfreien reliktischen Anteile wird man auch dort metamorphe Altbestände annehmen müssen, wo die der blastomylonitischen Rekristallisation vorausgegangenen Zustände nicht mehr nachweisbar sind. Dies gilt um so mehr, als sich gelegentlich sogar in stärker mylonitisch geprägten „Graniten" boudinierte Augit-Hornblende-Lagen mit Reaktionssäumen (gegen den Granit) finden lassen. Die Angleichung erfolgte zunächst chemisch durch die granitische Hybridisierung, setzte sich in der Rekristallisationsphase fort und vollendete sich texturell in Übergang zu einer blastomylonitischen Schlußphase. —

Einen anderen Angleichscharakter zeigen die „statisch rekristallisierten" (metablastischen) Einlagerungen.

In den dioritischen Mischtypen von Auerbach finden sich z. B. blastische, rundliche Plagioklase von 25 % An (wenig zonar, fleckig, kaum verzwillingt), die zwischen Biotit gewachsen sind und den Glimmer zum Teil an die Korngrenzen gedrückt, zum Teil korrodiert haben. Kataklastische Quarze und einzelne mylonitische Bahnen mit Kalifeldspatverheilungen in Plagioklas weisen darauf hin, daß das einbettende Medium dieser dioritischen

Abb. 4. Augen-gneisartige, modal granodioritische bis dioritische Gesteine innerhalb des „Flasergranites reich an Einschlüssen" der geologischen Karte. Auerbach Vergr. 20 ×, gekr. Nikols.

den Schiefer am Kontakt aufgeblättert hat. — In der Nähe des Kontaktes treten im Schiefer ungefähr 45° streichende und flach 30—40° nach NW fallende Klüfte auf, die sich vom Hornblendegranit in den Schiefer fortsetzen. — Ein zweites System streicht 125—140° und fällt vorwiegend steil nach NE." — (S. 38): „In dem Steinbruch des NW-Hanges des Mandelberges bei Hoxhohl streicht die Schieferung des Biotitgranites noch 45°, während am Westhang unmittelbar an der Straße ein Streichen von 60° mit steilem SE-Fallen beobachtet wurde. Letzterer Aufschluß liegt in der Nähe des Schieferkontaktes. Man kann also ein deutliches Einlenken der Schieferung der Granite in die Streichrichtung der Schieferzone feststellen. Hier besteht demnach ein konkordanter Verband zwischen geflasertem Biotitgranit und dem Schieferband. In dem Flasergranit des Mandelberges ist ein Kluftsystem stark vorherrschend. Es streicht etwa 35° und fällt 75° nach SE. — Zwei weitere weniger ausgeprägte Systeme streichen etwa 175° und 150° bei saigerer Stellung. Ein 80° streichendes und 80° fallendes System ist erkennbar neben einem flach 50° streichenden und einem 20° fallenden."

Misch- bzw. Umkristallisationstypen der Bergsträßer Flasergranit ist. Die eingebetteten Gesteine selbst aber haben mit Flasergranit nichts zu tun.

Beispielhaft sind die Metablastite der Neunkirchener Höhe. — Makroskopisch dunkel, augengneisartig, zeigen sie unter dem Mikroskop ein grobverpflastertes Gefüge von Plagioklasen (28 bis 32% An, gelegentlich auch saurere Individuen mit einer — sauren — Zwischenzone von 23% An) und Quarz zwischen Biotit und einzelnen grünen Hornblenden. Kalifeldspat sitzt nur in Filmen. Eine Ähnlichkeit der Struktur mit den noch zu besprechenden dioritisierten Schiefern der Mobilisatzone von Bensheim ist nicht zu bestreiten. — An anderen Orten (z. B. Webern) kann man deutlich beobachten, wie die Plagioklase quer durch eine vorgegebene Schieferung (Glimmerpolygonalbögen eines flächenhaften s) wachsen, daneben aber eben diese Schieferung durch Einverleibung der Biotite in ihre (nun serizitisierten) Kerne aufheben. Intergranulargewebe tritt zurück. Die Plagioklaslamellen sind gelegentlich leicht verbogen, die Biotite aber immer intakt. Im Biotit findet sich Apatit, Orthit und Epidot; Zirkon, Titanit.

Es handelt sich in allen diesen Fällen um regionale Einbettungen von Altbeständen in Flasergranit. Infolge Strukturangleichung an den diffusen Grenzen dieser Zonen wurden sie auf der geologischen Karte nicht ausgeschieden. — Von diesen statischen Rekristallisaten gilt, was F. K. Drescher-Kaden [36] für entsprechende Verhältnisse bei den Fürstensteiner „Dioriten" sagt:

„Was wir heut an Schollen im Granit finden, sind besonders widerstandsfähige Reste, welche infolge mangelnder flächenhafter Primärstruktur keine oder nur geringfügige Injektionslagen zeigen, vielmehr hauptsächlich durch Umkristallisation und Diffusionen verändert werden. Über den Mechanismus beim Vorgang einer „Injektion" wissen wir ja heut immer noch recht wenig. Trotzdem steht die Anteilnahme nicht unbeträchtlicher raumschaffender Scherungsbewegungen gleichzeitig mit der Materialzufuhr durch Intrusion wohl außer Frage. Das würde auch erklären, weshalb wenig oder nicht injizierte Schieferschollen in saure Eruptivmassen im allgemeinen, sobald sie vom Nebengestein abgetrennt sind, nicht weiter (Blatt für Blatt stetig) injiziert werden, sondern höchstens durch Teildiffusionen in die Intergranularen allmählich verdaut und assimiliert werden. Denn beim Fehlen eines Verbandes mit dem die mechanischen Bewegungen übertragenden Nebengestein sind Scherbewegungen in der Scholle einfach eine Unmöglichkeit" (S. 513).

Auch in unserem als „Gfl, reich an ms-Schollen" kartierten Gebiet des Odenwaldes zeigt der wirkliche Granit die von Erd-

MANNSDÖRFFER charakterisierte Struktur, aber was in eben diesem
Gebiete zwischen Felsberg/Melibokus und Neunkircher Höhe überwiegt, was bisher als dunkler „Gfl" bis „Gms" kartiert wurde, ist
kein Granit, ist zum Teil auch nicht granitisch injiziert, sondern
ist ein „metablastisch" umkristallisierter Altbestand. Er ist so zu
bezeichnen, auch wenn im Einzelfalle die Grenze gegen den Flasergranit schwer zu ziehen ist.

So zeigt sich, daß sich die Bergsträßer Granite (trotz „fast
völligen Fehlens all derjenigen Strukturelemente, die auf die Entwicklung freier Kristallformen gerichtet sind" [45]!) samt ihren
metablastischen Einlagerungen von „normalen" Gneisen unterscheiden lassen.

### b) Dioritartige Mobilisate in der Granit-Schieferzone von Bensheim-Reichenbach.

Die zuletzt genannten Metablastite leiten über zu den Gesteinen der
Mobilisatzone, in welcher die Dioritisierung der Altbestände über aoritische
Stadien weitere Fortschritte gemacht hat. Es handelt sich um die vom Ver-
fasser in [58] näher beschriebenen Gesteine. Zu einer solchen regionalen
Mobilisatzone fehlt im Böllsteiner Odenwald ein Gegenstück.

In dieser Zone stehen flaserdioritische Gesteine im Verband mit Amphiboliten, wobei die metamorphen Schiefer und die Diorite akkordante Paralleltextur zeigen. Eingeschaltet sind Granite verschiedener Korngröße;
granitische Imbibitionen durchtränken die Schiefer. Daneben finden sich
Diorite, die als „Grundmasse" statt Quarz Kalifeldspat führen. Diese
Mannigfaltigkeit und die Art des Verbandes veranlaßte ERDMANNSDÖRFFER
[22] zu der Bemerkung, daß hier „förmliche Riesenagmatite" (S. 53) vorliegen.

Beispielhaft für den Wechsel von streifig-flasrigem und schieferigem Gefüge sind die Gesteine „im Forst" (vgl. in [58], S. 465).
In den dunklen Lagen amphibolitisch bis hornfelsartig struiert,
werden die hellen, fast mafitfreien Lagen einwandfrei dioritisch.

Das Hornblende-Biotitverhältnis schwankt beträchtlich, sowohl
in dioritischen wie in schieferigen Typen bis zur Alleinherrschaft
des einen bzw. anderen Minerals. Die Plagioklase zeigen Verbiegungen in den Spalt- bzw. Zwillingslamellensystemen. Zuweilen
bedingt die Spannung erst das Umspringen des Lamellenpaketes in
Zwillingstellung. Solche Erscheinungen sind bei abrupten Bewegungen während oder nach der Verfestigung nicht möglich, da
die Zwillingsbildung nach EMMONS, GATES u. a. (vgl. [59]) eine
relativ langsame Kristallreaktion auf Spannungen ist, während sonst
Kataklase eintritt. Im gleichen Vorkommen ist die Erscheinung

Abb. 5. Modal dioritisches Kristallisat von augengneisartigem bis flaserdioritischem
Phanotyp „im Forst" bei Reichenbach. Vergr. 7 ×.

des „selective replacement", des sekundären Ungleichwerdens alternierender Zwillingslamellen häufig [59].

In gleichmäßiger durchgearbeiteten Partien des Nordostausläufers vom Knodener Kopf hat sich ein Mittelding zwischen dem schieferreliktischen, mafitreichen Anteil und dem feldspatreichen, magmatoiden Anteil ausgebildet. Hornblende tritt bei diesen Gesteinen ganz gegen den Biotit zurück. Die augige Struktur wird betont durch Körnerreihen von (der Häufigkeit nach:) Titanit, Apatit, Epidot (um Orthit), einzelne größere Zirkone und Erz. —Nur gelegentlich gehen Kleinkornbildungen mitten durch die Plagioklase hindurch; im ganzen überwiegt überall der statisch-blastische Eindruck der Kristallisation. Bei zurücktretendem Quarzanteil und einem Anorthitgehalt der Plagioklase von 28—30% ist das Gestein als modal dioritisch zu kennzeichnen (Abb. 5).

Die bei den Mischgesteinen „im Forst" beschriebene Plagioklasblastese (vgl. [58]) ist charakteristisch für alle die Gesteine, deren Zuordnung in die übliche Reihe Gabbro-Diorit-Granit nicht möglich ist, die einen metamorphen Altbestand verraten, der aber durch sekundäre Struktur- und Texturänderungen mehr und mehr undeutlich wird, bis schließlich homophan-richtungslose Diorite entstehen.

Die von ERDMANNSDÖRFFER so genannten Fleckendiorite z. B. haben gegen die Rahmengesteine Kontaktsäume. Von diesen Gesteinen, deren Mafite sich in partieller Lösung (der hellen Gemengteile) zusammengeballt haben, muß man einen intrusionsfähigen Charakter annehmen (vgl. [58], S. 458). Die Durchlöcherung der Hornblende am Kontaktsaum sowie die abnormen optischen Konstanten werden anderen Ortes behandelt [60]. Daß auch bei diesen Gesteinen die relative Lageveränderung zum Rahmen in bezug auf die bruchlose Reaktionsfähigkeit der Kristalle langsam erfolgte, beweisen die bruchfreien Verbiegungen der Plagioklase. Solche entstehen dort, wo das Kristallwachstum gegen zu dieser Zeit feste Biotite und Hornblenden erfolgte. Besonders an der Grenze gegen den Rahmen oder gegen Einschlüsse sind Verbiegungen zwischen festen Backen zu erwarten. Eine Zwillingsbildung versucht die Spannung nach Möglichkeit aufzufangen (wölbungsartige Lamellen).

Im Mobilisat selbst ist, auch abgesehen von den Mafithäufchen, der aoritische Charakter noch erkennbar. Die Abb. 6 zeigt die eigentümliche Quarz - Plagioklas - Kleinkornbildung zwischen den blastischen größeren Individuen. Quarze von der Ausdehnung der großen Plagioklase fehlen.

Abb. 6. Struktur eines Dioritaorites: aus „Fleckendiorit Schannenbach". Vergr. 45 ×, gekr. Nikols.

Zum gleichen Strukturtypus gehört der weiter südlich liegende Erlenbachmigmatit, der von Erdmannsdörffer [22] als intrudiertes dioritisches Mobilisat beschrieben wurde. Der blastische Charakter des Kristallisationsgefüges könnte in gleicher Weise zur Rekonstruktion von „Übergängen" herangezogen werden wie bei den Mobilisaten des nördlicheren Abschnittes[1]. Die einzelnen Feldspat-„Augen" (reich lamellierte Andesine) lockern oder durchbrechen eine vorgegebene Mafit-Paralleltextur (Abb. 7).

Abb. 7. Erlenbachmigmatit. Augengneisartiges Gefüge, hervorgerufen durch Plagioklas-Neukristallisationen. Vergr. 15 ×, gekr. Nikols.

An anderen Stellen entstehen auf diese Weise aus-

---

[1] Selbst die undurchsichtigen Verhältnisse im Oberramstädter Bruch, die von M. Peters ausführlicher bearbeitet wurden, lassen doch den Schluß zu, daß die Tendenz zu dioritischem Gefüge über blastische Stadien erreicht wurde. Demnach dürften auch für die dortigen „Diorite" mobilisierte Altbestände anzunehmen sein.

Eigene Beobachtungen in Niederramstadt zeigen Entsprechendes.

gesprochene Plagioklasmegablastendiorite. Vornehmlich bei diesen bilden sich durch Beteiligung von **Kalifeldspat** Typen, die bis zu syenitischer Zusammensetzung kommen. Die Plagioklasmegablasten werden schrittweise von zuerst filmartig auftretendem Kalifeldspat korrodiert und amöbisiert, bis schließlich kalifeldspatumschlossene Plagioklasagglomerate entstehen.

Syenitisch wird z. B. das dunkle mittelkörnige Gestein von Schönberg. Es führt Kalifeldspat neben Hornblende, während Biotit fehlt. Der Plagioklas ist ein Andesin von 35—44 % An.

Nachstehend der Modalbestand; die eingeklammerten Zahlen verstehen sich bei Abzug einzelner ausnehmend großer (bis 0,5 cm ⌀) Plagioklase. Die blaßgrüne idiomorphe Hornblende ($c\gamma\,15°$, $2\,V_\alpha\,70$) wird von größeren leistig-gerundeten Plagioklasen umschlossen. Kalifeldspat ist xenoblastische Zwischenmasse. Der Plagioklas hat Serizit-Zoisittrübungen in Kränzen und längs von Spaltrissen; Quarz (mit Prehnit an den Korngrenzen) in rundlichen Löchern in der Hornblende.

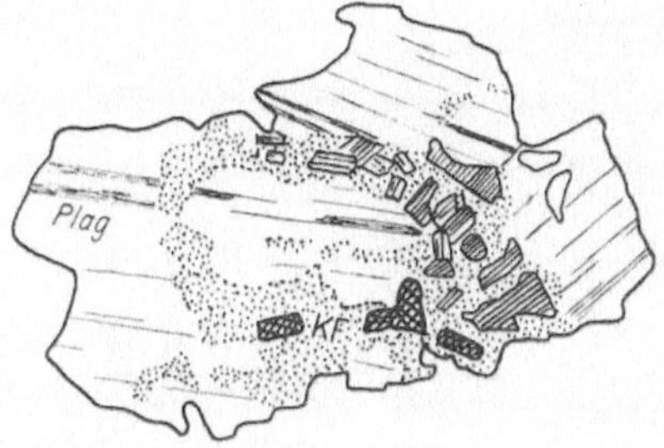


Abb. 8. Plagioklasmegablast (ohne Signatur) mit Zwillingslamellen (Striche) wird durch Kalifeldspat (punktiert) verdrängt. — Der korrodierende Kalifeldspat ist zum Plagioklas so orientiert, daß die (010) für beide gemeinsam ist und die (001) des Kalifeldspates zwischen den (001)-Flächen der verzwillingten Plagioklase kommt.

Plag. 53 (37) %
Ho. 39 (53) %
KF. 5 (6) %
Qu. 3 (4) %

(Akzessorien bei Quarz verrechnet).

Ganz die gleichen Gesteine finden sich am Hohberg, nur überwiegt dort an Stelle lückenfüllender Letztausscheidung des Kalifeldspates die metasomatische Plagioklasverdrängung (Abb. 8).

## C. Gefügekundliches zu den Texturen und Strukturen des Bergsträßer und Böllsteiner Odenwaldes.

### I. Der Bergsträßer Anteil.

W. Portmann [62] gibt Gefugediagramme des nördlichen Abschnittes. Erdmannsdorffer [45] erwies die Mehraktigkeit der tektonischen Beanspruchung bzw. das Durchhalten einer solchen Beanspruchung während der Intrusionsphasen. Nachstehend einige Detailbeobachtungen.

### a) Flasergranite.

Im Flasergranit östlich des Melibokus findet sich ein fleckig auslöschender Kalifeldspat, der älter ist als die xenoblastische Kalifeldspatverheilung des Intergranulargewebes, aber jünger ist als die

Plagioklase, die er umschließt[1]. Er wird mylonitisch zerrissen und das anfallende Material zu Aggregaten zerdrückt; an den noch kenntlichen serizitischen Pseudomorphosen nach Plagioklas beginnen sich große Muskowitleisten unter Karbonatausscheidung auszubilden. Wichtig ist nun, daß die Kleinkornindividuen in der Mylonitfuge Rekristallisate darstellen. Dies geht daraus hervor,

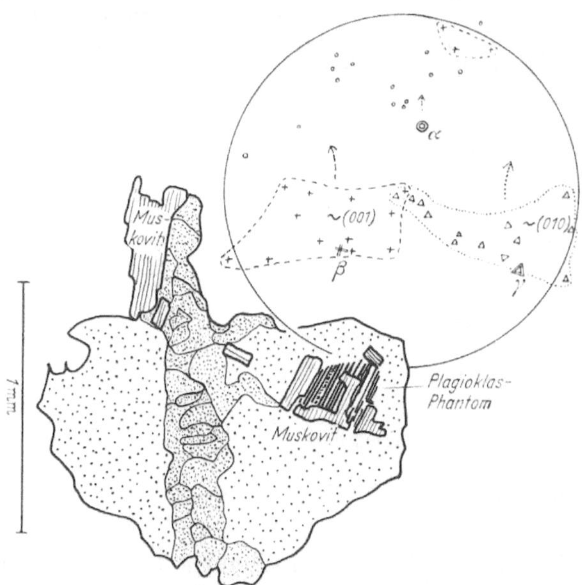


Abb. 9. Zerdruckte Zone in Kalifeldspat. Die Projektion zeigt die Abhangigkeit der optischen Pole (stellvertretend fur die Flachen) des Rekristallisatgefuges von der Lage des intakten Kalifeldspates. — Positionen des Kalifeldspates außerhalb der Mylonitbahn durch Verdoppelung der üblichen Mittelliniensymbole angegeben (⊚ ⧻ ▲).

daß im Gegensatz zum trüben serizitdurchsetzten Ausgangsindividuum das Pflaster zwischen den Backen klar ist, und zwar von derselben Klarheit wie die in der Nachbarschaft von blastisch-filmartigem Kalifeldspat erfüllten Fugen. Die Einmessung der Einzelindividuen des Mikroklinpflasters ist auf Abb. 9 dargestellt. Man erkennt die Abhängigkeit der Mittellinienpole von der Lage der Mittellinien des Ausgangskristalls: die kristallographische Lage des Pflasters ist einsinnig verschoben gegenüber der kristallographischen Lage der Backen. Die Pole der Flächen (010) und (001) entsprechen ungefähr der Pollage von $\gamma$ und $\beta$, sie beginnen senk-

---

[1] Ist der Plagioklas myrmekitisch angezapft worden und geht die Kalifeldspatkorrosion weiter, so ragen beim weiteren Abbau des Plagioklases die Quarzstengel in den Kalifeldspat hinein, dadurch die Reihenfolge des Reaktionsvorganges andeutend.

recht zu den Druckbacken einen Gürtel auszubilden. Da nun bei den Pflasterindividuen die serizitische Trübung verschwunden ist, mithin eine Regeneration (Neukristallisation) stattgefunden hat, bleibt erstaunlich, weshalb die in bezug auf den Ausgangskristall desorientierten Pflasterkristalle noch die Abhängigkeit von der Ausgangsorientierung zeigen. Die Abhängigkeit von der präkinematischen Orientierung kann nur deswegen nicht verwischt sein, weil die Kristallregeneration nicht unter Erweichen, sondern in gitterdimensionaren Bereichen unter Erhaltung eines jeweils starren Strukturgerüstes erfolgt ist. —

Besonders schwierig für die Beurteilung der tektonischen Einwirkung wird die Sachlage dann, wenn — wie am Felsberg — in die Flasergranite hinein Gneise verschwinden, die sich den blastomylonitischen Erstarrungsbedingungen der Granitintrusionsphase unter *granulitartiger* Neukristallisation anpassen.

Diese Neukristallisate führen zwischen ausnahmslos parallelgestellten Biotiten kleinkörnigen granoblastischen Oligoklas (27 bis 30 % An, ungestörte Zwillinge), der schon mit der Gipsplatte Regelung erkennen läßt, und Quarz. Der Quarz findet sich zum Teil zwischen den Plagioklasen, hauptsächlich aber (zusammen mit etwas Muskowit) in granulitartigen Scheibenaggregaten.

Die Poleinmessung der Quarze zeigt das Diagramm I [1].

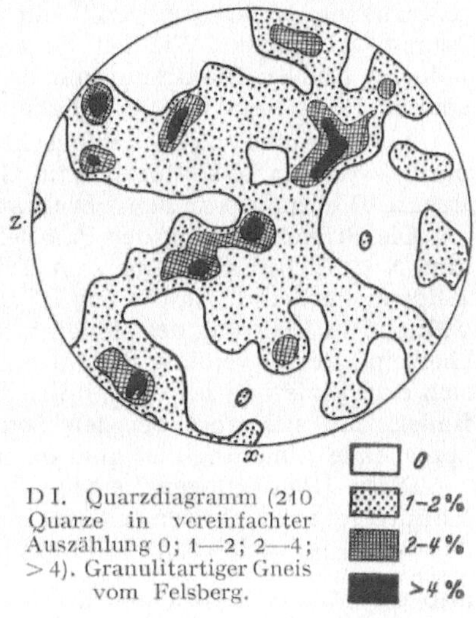


D I. Quarzdiagramm (210 Quarze in vereinfachter Auszählung 0; 1—2; 2—4; > 4). Granulitartiger Gneis vom Felsberg.

---

[1] Anmerkung über den Wert der Auszählung. Bei Diagrammen, die durch zeitig erkennbare Persistenz der Maxima eine Beschränkung der Einmeßpole erlauben, scheint es mir nicht immer nötig zu sein, den Zeitaufwand der üblichen statistischen Auszählung aufzubringen. Das Quarzdiagramm wurde einmal „nach Vorschrift" ausgewertet (I a), dann nach einem vereinfachten Verfahren (I b).

In I a wurde eine schematische Auszählung mit einem Zentimeterkreis ($r$ 1 cm) auf der 10 cm-Schablone ($r$ 10 cm) mit Meßpunkten im Abstande von 0,7 cm (das sind die Ecken eines Zentimeterquadratnetzes plus den Quadratmitten) vorgenommen. — Bei I b hingegen ist die Verteilung der Belegungsdichte dadurch ermittelt worden, daß man die Punktzahlen innerhalb jeden Quadrates des fix unterlegten Zentimeterquadratnetzes,

Das 2-Gürtelbild der Quarze ist in bezug auf die Anordnung der Biotite von rhombischer bis monokliner Symmetrie. Die Koordinaten $x$, $y$, $z$ wurden auf Grund der Annahme eingetragen, daß der verzerrte Pol der Biotite (Schiefer-s) in $z$ und verzerrt in der $xz$-Ebene liegt. Vertauscht man an unserem Diagramm $x$ und $y$, so kommt man zu dem Regelungstyp 12, den A. Schüller [69] für Granulite angibt.

Zur Möglichkeit einer solchen Vertauschung wäre zu erwägen:

1. W. Portmann gibt von einem entsprechenden Gestein (mit „Hornfelsstruktur der Quarzlagen") ein Diagramm, das „von der üblichen Regelung" abweiche. Wie bei meinem Diagramm sind $x$ und $z$ unbesetzt, befindet sich ein Maximum in oder nahe $y$. Unter eben diesen Umständen spricht Portmann von der Möglichkeit einer „$x$-Striemung".

2. Wenn eine solche Vertauschbarkeit von $x$ und $y$ bzw. eine „$x$-Striemung" vorliegt, so sollten sich im Gelände zwei 90° voneinander abstehende lineare Richtungen finden. Dies ist nun der Fall:

Die Streichrichtung der Paralleltextur ist am Felsberg die übliche, also ann. N 50 E bei saigerem, zum Teil nach SE gerichtetem Einfallen. (Die Klippen werden durch die zur PT querstehende Klüftung herauspräpariert, während in Richtung des steilen $s$, abgesehen von einigen größeren Klüften, eher eine Verschweißung des Materials statthat.) Man beobachtet nun, daß sich eine Linierung bei den „injizierten Gneisen" auf der NE ziehenden PT findet, daß sich aber bei den Schiefern (ohne Lagentrennung) eine entsprechende Linierung fast quer dazu findet.

Diese Überlegungen zeigen, daß hier nicht einmal die tektonischen Hauptgesetzmäßigkeiten geklärt sind[1]. Man wird also vorläufig noch an dem Ausdruck „granulitartig"[2] festhalten dürfen.

---

also die Polanzahl je Quadratzentimeter, mit Bleistift vermerkt, dann die unbesetzten Felder abgrenzt und die weiteren Umrandungen durch Schätzung der Besetzungsdichte auf Grund der vorgemerkten Quadratdichte findet. Man trifft ohne viel Übung das Besetzungsgefälle um Maxima richtiger als dann, wenn man zwar korrekt, aber rein schematisch nach Art von I a vorgeht. Verändert man aber, um dem wiederum vorzubeugen, die Auszähldichte bzw. den Auszahlradius je nach der Art des Gefälles, so ist der Zeitaufwand bedeutend. Die Dichteschätzung auf Grund der Quadratzentimeterdichte erfordert aber nur etwa 15 min. Ein Vergleich von I a und I b zeigte, daß dort, wo infolge einer Polanzahl von unter 400—500 sowieso mit zufälligen Dichteschwellen (Untermaxima) gerechnet werden muß, die Genauigkeit genügend groß ist. Abgebildet ist nur I b.

[1] Über das Verhältnis der älteren EW-Richtung zur varistischen NE-Richtung s. [58]. — Auch die metablastischen Partien im Flasergranit zeigen oft noch die EW-Richtung, so z. B. an der Neunkircher Höhe.

[2] Sander [65] meint in bezug auf den benachbarten Melibokus: „Manche Harnischmylonite des Melibokus sind eben Granulit, und es wäre schade, diese heuristisch für beide Teile wertvolle Bezeichnung zu unterdrücken. An rekristallisierten Scherflächen, für deren Kristallisation vielleicht schon die zusätzliche Reibungswärme genügte, wird aus Granit Granulit" (S. 231). — Gilt das nur für *Harnisch*mylonite oder könnten auch alte Vorzeichnungen bei *regional* ansetzender mylonitischer Beanspruchung Granulitbildung veranlassen?

Den Felsberg-Melibokus-Flasergraniten gleich kartiert sind die leukokraten (aplitisch-pegmatitischen) Durchfächerungsnetze des Diorites und der Schiefer von Schönberg bis Zell. Daß es sich bei dem schon von CHELIUS merkwürdig gefundene Auftreten in den dioritisierten Schiefern von Schönberg um keine Ektekte handelt, sondern um aplitische Zuführungen, beweisen hinlänglich die strukturell gleichartigen Aplitgänge größeren Ausmaßes im ganzen Gebiet. Das Gefüge eines solchen Ganges zeigte nur undeutliche diffuse Regelung der Mineralkomponenten.

Der Gang führt Linsen von länglichen Quarzaggregaten zwischen xenoblastischem Mikroklin (35—40 Volum-%) und verglimmertem Oligoklas. Intergranularsymplektitische Kleinkornbildung und Myrmekite wie in normalen aplitgranitischen Gängen. Parallel der Längserstreckung der Quarzlinsen liegen dünne Züge rötlich trüben Biotites, von dessen Einmessung infolge der diffusen Füllung mit epidotischem Material abgesehen werden mußte. Offensichtlich aber streuen die Pole der Basisspaltbarkeit um den Zonenpol eines (eingemessenen) diffusen Quarzgürtels ohne Maxima. Die schwache uneinheitliche Regelung unterscheidet diese Gesteine nicht von der entsprechenden des Wirtsgesteins.

Eine keineswegs einwandfrei magmatische Struktur haben hingegen die Ganggranite von Großachsen, sie nehmen daher beim Vergleich von Bergsträßer und Böllsteiner Elementen eine Sonderstellung ein [1].

Die rötlichen Gesteine fuhren in einer panallotriomorphen Grundmasse Kalifeldspat, Oligoklas (15% An, leicht serizitisiert) Quarz und strengflächig paralleltextierten Biotit. Einsprenglinge bestehen aus Quarz, Mikroklin und Albit-Oligoklas. Meist sind einerseits die Quarze, anderseits die Feldspate in eigenen scheibenförmigen Aggregaten vereinigt. — Die verzahnten Quarze, zum Teil kaulquappenartig ausgeschwänzt, loschen undulös aus und haben einen auffallend großen durch Spannungsdoppelbrechung bedingten Achsenwinkel mit Werten zwischen 15 und 20°. Die Mikrokline zeigen aber außer der typischen Gitterung keine Verdrückungen. In ihnen findet sich, öfters durch Myrmekitwarzen angezapft, Plagioklas eingeschlossen, der im Gegensatz zum Grundmasseplagioklas polysynthetisch lamelliert ist. Letzterer bildet vereinzelt auch Großkristalle.

An dieser Stelle interessiert die Frage, ob Kataklase oder Protoklase die vorgefundene Struktur bedingt hat [47], [51]. Zunächst ist festzuhalten, daß mindestens die letzte strukturbildende Phase blastischen Charakter gehabt hat, da sich die Kalifeldspateinsprenglinge mit dem Grundgefüge — wie Abb. 10 zeigt — verzahnen. Ob dies Regenerationserscheinungen ehemaliger Porphyroblasten sind oder ob es sich um Neubildungen handelt, läßt sich so obenhin

---

[1] Für derartige Gesteine ist der alte (für das ganze zwischen Schriesheim, Waldmichelbach, Lindenfels, Reichenbach, Zwingenberg liegende Gebiet gemeinte) Name „westliche *abnorme* Gneisformation" freilich passend.

nicht entscheiden. — Für das Verständnis des Verhältnisses von tektonischer Einwirkung und Rekristallisation ist aber wichtig,

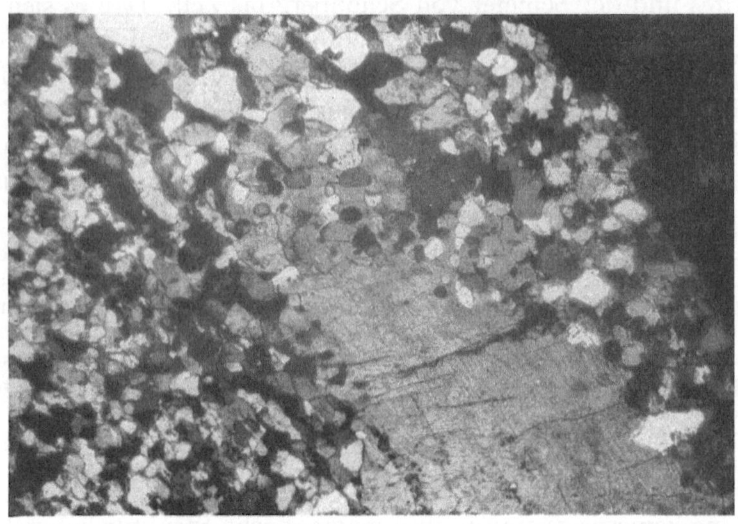

Abb. 10. Ganggranit von Großsachsen. Vergr. 40 ×, gekr. Nikols. Ein großer Kalifeldspat verzahnt sich mit dem Grundgefüge so, daß ein blastisches Endstadium der Kristallisation des Kalifeldspates angenommen werden muß.

daß die Biotite ohne Rücksicht auf die Korngrenzen des Quarz-Feldspatpflasters subparallel zueinander stehen (Gegensatz: Biotit umschließt wabenartig die Quarze und Feldspate).

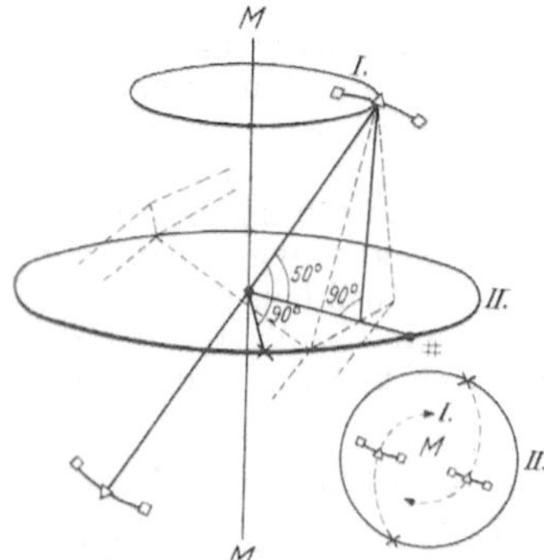

Abb. 11. Einregelung der Großquarze in bezug auf die (Biotit)-Schieferungsfläche, deren Richtung durch die zu ihr lotrecht stehende Achse $M\,M$ festgelegt ist. Es bedeuten: □ optische Achsen, △ Mittellinie $\gamma$, + Mittellinie $\beta$ (der optisch zweiachsigen Indv.!), ╪ Absonderung nach dem Rhomboeder.

Die $c$-Achsen der Quarze häufen sich in einem Kleinkreis, dessen Achse mit der Achse der (durch die Biotite gegebenen) Schieferungsfläche identisch ist.

Die Großquarze, deren auffällige Zweiachsigkeit schon erwähnt wurde, ordnen sich so ein, daß die Richtungen der optischen Normalen in dem zum Kleinkreis koaxialen Großkreis liegen, so wie es die Abb. 11 zeigt. In dieser schematischen Skizze ist auch erkenntlich, daß die Neigung der $c$-Achsen derart ist, daß die Projektionspole der rhomboedrischen Flächen in den gleichen Hauptkreis fallen. In der Tat finden sich so gelegene geradlinige Absonderungen. Nähere Untersuchungen stehen noch aus.

## b) Diorite und Schiefer.

Hier lassen sich Physiographie, Strukturbeschreibung und Gefügekundliches noch weniger trennen als bei den Graniten. Daher wird jeweils eine physiographisch-strukturelle Charakterisierung hinzugefügt.

Von der Art der metamorphen Schiefer (bevor sie der Mobilisierung anheimfallen) vermittelt Abb. 12 eine Vorstellung. Das Gestein führt überwiegend grüne Hornblende. Bei entsprechenden

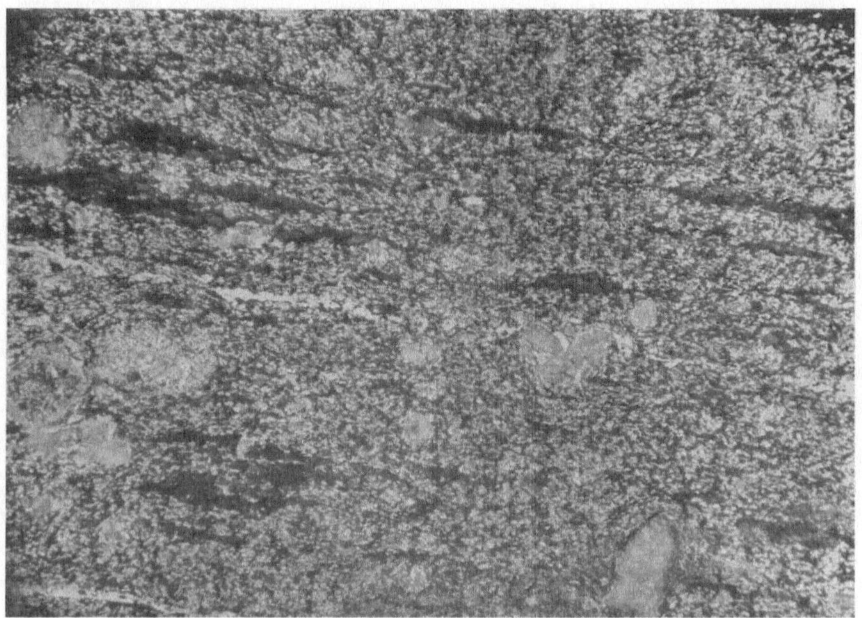

Abb. 12.   Quarzarmer Hornblende-Plagioklasschiefer („Amphibolit") von Bensheim-Schönberg.  Vergr. 7×.

Biotitschiefern kommt die Strenge der Paralleltextur bis zur Sammlung der Biotite in einem Pole. Eine deutliche Regelung zeigt sich auch bei den Plagioklasen (Gipsplättchen): die $c$-Achsen der Oligoklase liegen subparallel; gleichorientiert sind die $c$-Achsen der grünen Hornblende (Pleochroismus). Letztere ist die gewöhnliche mit $c\gamma$ 16—17°, gelegentlich mit blauen Säumen ($c\gamma$ 13—14, $2V_\alpha$ 60°); nur in einigen Hornblendezöpfen liegen einzelne Hornblenden quer zum parakristallinen Schiefer-s. Quergestellt durch (abgebildete) Externrotation, der eine Internrotation vorausgegangen ist (gefüllte Plagioklase mit spiraliger Anordnung der eingeschlossenen Mafite), sind einsprenglingsartige Plagioklase.

Viel weniger geregelt sind die Quarze, sie finden sich in (ein bis zwei Individuen breiten) Zügen in s. Die 60 einmeßbaren *c*-Achsen der Quarze, die im Photo als heller Streifen von links nach rechts ziehen (Diagramm II), zeigen z. B. kaum eine Regelung. Da man meist Quarze einmißt, ist es wichtig festzustellen, daß die Quarze kein geeignetes Mineral für die Entscheidung der Frage sind, ob spätere granoblastische Entregelungen stattfanden.

Dies gilt auch im Hinblick auf die sich einschaltenden anatektischen Dioritschlieren[1]: bei diesen sind die Quarze ebenfalls ± ungeregelt, die Andesine zeigen Andeutungen einer *Gürtel*bildung, Mafite fehlen. Die Biotite der schieferreliktischen Um-

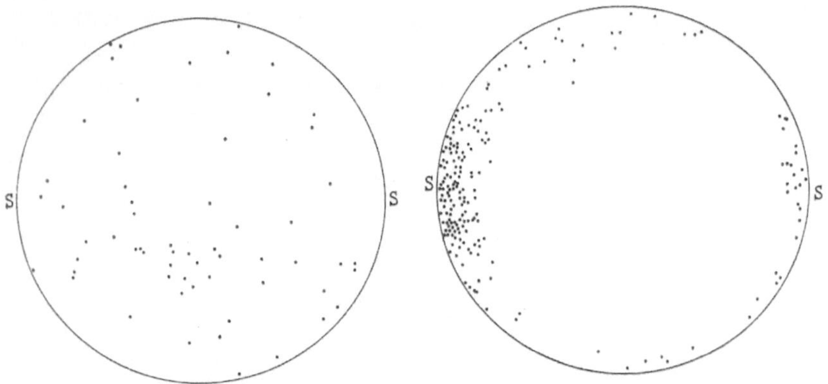

Links D II.  60 Quarze aus quarzarmem, oligoklasreichem Hornblendeschiefer (Abb. 12).
Rechts D III.  190 Biotite am Saum eines Biotit-Plagioklasschiefers gegen anatektische Schliere.  Beide von Bensheim-Schönberg.  (Stereogr. Netz.)

gebung der anatektischen Schliere zeigen ebenfalls (Diagramm III) Andeutung einer Gürtelbildung, während sie sonst in einem Pol gesammelt sind.

Dioritisierung zeigt sich im Gelände, im Dünnschliff und im Diagramm. Als Beispiel der „Kontakt" zwischen dem homophanrichtungslosen Melaquarzdiorit vom Märkerwald (östlich Gronau) und den umgebenden Flaserdioriten mit ihren schieferreliktischen Zonen. Das Diagramm (Diagramm IV) zeigt, wie der (apatitbestreute reliktische) Schieferfetzen mit einpolbetonter Biotitregelung in einen Diorit mit gürtelbetonter Biotitregelung übergeht. Das Diagramm enthält die 150 einmeßbaren Biotite des Schieferfetzens und die 30 Biotite des dioritischen Anteils. Die

---

[1] Abgesehen von der Dioritisierungstendenz der Schiefer (bei Mobilisierung, s. weiter unten) besteht Neigung zu hornfelsartigen bis poikiloblastischen Umkristallisationen. Einmessungen bestätigten die Richtungslosigkeit des Korrosionsgefüges.

Mafite des Schiefers sind durch Punkte, die des Diorites durch Kreise im Diagramm gekennzeichnet. Modal sind Schiefer und Diorit kaum verschieden: von Biotit und Hornblende findet sich in beiden der gleiche Anteil, nur die Korngröße ist verschieden. Der An-Gehalt der Plagioklase schwankt in beiden Ausbildungen zwischen 33 und 36%[1].

Bei den streifigen Gesteinen „im Forst" bei Reichenbach tritt einmeßbarer Quarz zurück. Die 100 erfaßbaren Quarze (eines

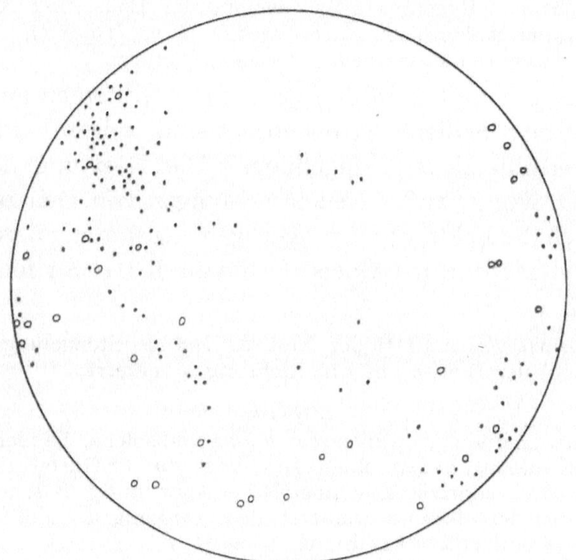

D IV. Verzahnung von flaserdioritischem und schieferreliktischem Gefüge: Es sind 150 Biotite (•) aus dem Schieferanteil und 30 Biotite (O) aus dem Dioritanteil erfaßt. Märkerwald bei Gronau (stereogr. Netz).

relativ quarzreichen) Schliffes zeigten nur eine undeutliche gürtelartige Verteilung. Es wurden daraufhin die Andesine der dioritischen Lagen zu erfassen gesucht. Von 118 einmeßbaren Individuen lagen 80 ann. senkrecht $M$ und $P$, von den anderen war

---

[1] Die Grenze Dioritisierung/Assimilation ist nicht scharf zu ziehen. Als Assimilate im engeren Sinne würde man solche Gesteine bezeichnen, die ein Feldspatneukristallisationsgefüge zeigen, bei denen aber die metamorphreliktische Textur (und ihr Gefügebild) erhalten bleibt und sich nur nesterweise die abgebildeten Neukristallisate einschalten.

In einem Fall vom Knodener Kopf ist der klare, verzwillingte Feldspat ein 45 -Andesin, der völlig serizitisierte Feldspat (im alten Gefüge) ein Labrador von ann. 70% An. —

Ganz die gleichen Typen finden sich am Kanzelberg bei Schriesheim. Edukte sind dort pyroxenführende Amphibolite mit körnigem Plagioklas-Quarz-Zwischengefüge (reich an Serizit; Biotit und Chlorit; Zoisit und

wenigstens eine Spaltbarkeit (meist $M$) einzumessen, so daß sich ein diffuser Gürtel ergibt, dessen Achse in der Schieferungsebene liegt[1].

Der diffuse Regelungscharakter und die Mannigfaltigkeit der gefügekundlichen Komponenten, zum großen Teil bedingt durch Mobilisationserscheinungen, ist dem Bergsträßer Odenwald eigentümlich.

## II. Die Böllsteiner Gneise.

Die einheitliche Regelung aller Gesteine der Böllsteiner Kuppel (also ms, G und $G_2$ der geologischen Karte) wies D. KORN [19] nach. ERDMANNS-DÓRFFER [45] nannte die Art der Tektonik „alpinotyp".

Während die Biotite in den genannten Gesteinen ausnahmslos streng nach dem Schiefer-s eingeordnet sind, zeigen Feldspate und Quarz unterschiedliche Gefügebilder. Die Regelung der Quarze beschrieb D. KORN; außer Neueinmessungen von Quarzen wurden von mir noch die Feldspate herangezogen. Zusammenfassend ergibt sich für den mafitarmen Gneis (Orthoanteil i. e. S.) folgendes:

*1. Biotit.*

Schiefer-s ist gleich (001) der Biotite. Infolge Stengelung nach $y$ ist der Sammelpol der Biotite um $z$ in Richtung $x$ verzerrt.

*2. Quarz.*

a) Undeutlich undulose Außenquarze (das sind solche, die nicht „Löcher" im Feldspat bilden) haben einen geschlossenen $xz$-Gürtel mit Maxima zwischen $x$ und $z$ in rhombisch symmetrischer Anordnung. (Die zeitig erkennbare Persistenz der Maxima gestattet Beschränkung der Polzahl — gegen 200 — und vereinfachte Auszählung [s. S. 25].)

b) Ausgesprochen geknitterte (Außen-)Quarze haben im $xz$-Gürtel eines der zwischen $x$ und $z$ liegenden Maxima deutlicher ausgeprägt als das andere.

c) Die im Feldspat eingeschlossenen Quarze deuten außer der Regelung nach dem $xz$-Gürtel einen $[0kl]_\mathrm{I}$-Gürtel an. Dieser hat ein triklin zur Gesamtsymmetrie liegendes deutliches Maximum. — Auch ein weiterer Gürtel ließe sich schon aus den Diagrammen von D. KORN herauslesen, er wird aber

---

Epidot; Calcit; Titanit). — Der wasserklare Pyroxen ist mit einer grünen bis blaßbläulichen Hornblende verwachsen. Beide zusammen in einem d u r c h l ö c h e r t e n, leicht verfilzten Gerüst zwischen den Plagioklasen. Die Plagioklase gehören verschiedenen Generationen an. Die reliktischen, gegen die Hornblende idiomorph prismatischen haben 70% An, sie sind kataklastisch zerbrochen und mit Quarz, Calcit und albitischem Plagioklas (wasserklar) gefüllt. Die Fortsetzung der gleichen (zum Teil zoisitgefüllten) Zerrfuge durch die Hornblenden erscheint aber hier nur als blassere Zone (geringere Störung oder Verheilung).

Durch das Auftreten von Quarz und Mikroklin (mit Myrmekitwarzen gegen Plagioklas) entstehen bei Kornvergröberung daraus dioritartige Übergangstypen.

[1] Das vorgesehene D V ist nicht abgebildet.

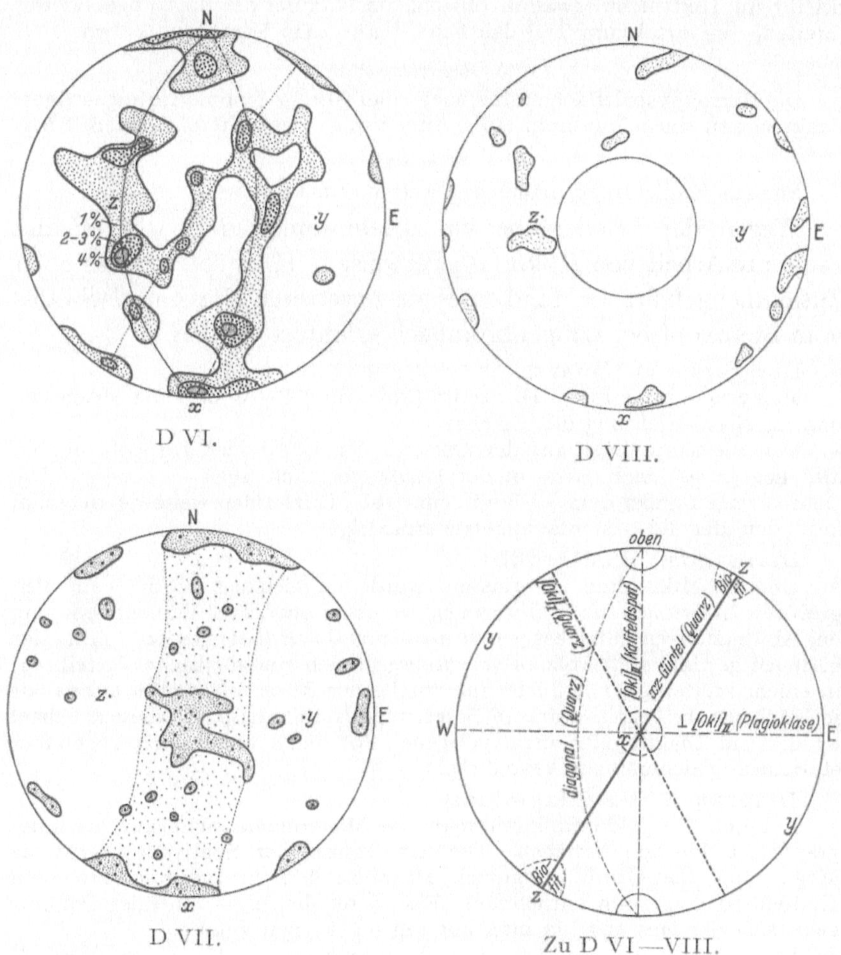









Einmessung von Quarz, Kalifeldspat und Plagioklas im gleichen (Horizontal-) Schliff.

Heller Granitgneis (Böllsteiner Gneis) vom Steinkopf bei Langenbrombach.

D VI. 250 Quarze (Sammeldiagramm).

D VII. 66 Flächen von KF: (001) und (010), rekonstruiert durch Indikatrixeinmessung.

D VIII. 70 (001)- und (010)-Spaltflächen an 45 untersuchten Plagioklasen.

Zu D VI—VIII. Schematische Zusammenfassung der Symmetrieelemente, projiziert auf die äußere Kugel bei Ansicht von Süden (Aufriß).

(Hier und im folgenden — falls nicht anders angegeben — Hohlkugel, flächentreu.)

bei ihr im Text nicht erwähnt, obwohl die Maxima der dort abgebildeten (breiten) $xz$-Gürtel zum Teil deutliche diagonale Verteilung haben.

### 3. Kalifeldspat.

Die Mikroklinspaltflächen sind nach einer $[0\,k\,l]_{II}$-Symmetrie angeordnet. Senkrecht zu einem Maximum $(0\,k\,l)$ Andeutung eines weiteren Gürtels $[0\,k\,l]$.

### 4. Plagioklas.

Ähnlich Kalifeldspat; näheres s. weiter unten.

Wegen der Wiedergabe von Diagrammen darf ich auf die genannte Arbeit von Korn [19] verweisen. Hier soll nur das eben Zusammengefaßte an Hand eines ausgewerteten Horizontalschliffes vom Steinkopf bei Langenbrombach erläutert werden.

Diagramm VI (Quarz).

Man erkennt die (in der Horizontalprojektion) E—W liegende Striemung und die N—S-Richtung der $x$-Achse.

Der Steinkopf liegt auf der Ostseite der Böllsteiner Kuppelwölbung, also liegt $z$ 40° nach E — in der Hohlkugel nach links — geneigt. Die Quarze zeigen außer dem $xz$- und dem $[0\,k\,l]_I$-Gürtel den weiteren diagonal liegenden, der die Gesamtsymmetrie erniedrigt.

Diagramm VII (Mikroklin).

Um die Mikrokline zu erfassen, wurde im gleichen Schliff von allen größeren Individuen die Indikatrix eingemessen und unter Vernachlässigung der Abweichungen zunächst $\gamma = M$ (010) und $\beta = P$ (001) gesetzt. Trotz der geringen gewinnbaren Polzahl von 70 ergibt sich eine deutliche Verteilung: in einem breiten $[0\,k\,l]_{II}$-Gürtel mit ungleicher Besetzungsdichte haben wir je Flächeneinheit 5mal stärkere Besetzung als außerhalb. In diesem Gürtel ist der (im Diagramm zentral gelegene) Pol 9fach überbesetzt gegenuber statistisch gleichmäßiger Verteilung.

Diagramm VIII (Plagioklas).

Bei den Plagioklasen kann man die Mittellinien nicht auf kristallographische Flachen beziehen. Die Einmessung der Spaltrisse ergibt die Möglichkeit eines Grundkreisgürtels, Hinweise dafür könnte man schon dem Kalifeldspatdiagramm entnehmen. Ein — möglicher — zentraler Pol entzieht sich der Messung, da man nur um 60° kippen kann.

Versucht man, aus der *Struktur* eine ,,Reihenfolge des Zur-Ruhe-Kommens'' herauszulesen[1], so kann man die mineraleigentümlichen Gefügeelemente, wie sie die Diagramme zeigten, auch in eine Aufeinanderfolge bringen.

Wir haben eine Mineralparagenese, bei der Quarz und Kalifeldspat offenbar bei der Blastese später mit ihrem Gitterausbau ,,fertig geworden'' sind als die Plagioklase und Biotite, deren Übernahme aus einem Altgefüge naheliegt.

In einer möglichen Folge (Biotit)

Plagioklas

Kalifeldspat

Quarz in Feldspat

Quarz weniger undulös

Quarz stark undulös

---

[1] Klemm wollte ja daraus eine ,,Ausscheidungsfolge'' machen, um die Gneisstruktur zu bestreiten.

wären demnach die tektonischen Teilmomente folgendermaßen zu parallelisieren:

$[0\,h\,l]_{\mathrm{III}}$ Gürtel plus Gürtel $[0\,h\,l]_{\mathrm{II}}$
$[0\,h\,l]_{\mathrm{I}}$ Gürtel plus Gürtel $xz$
Gürtel $xz$ mit symmetrischen Maxima
Gürtel $xz$ mit ungleich betonten Maxima.

Man kann aus dieser Unterteilung aber keine Mehraktigkeit herleiten, weil sich sonst folgende Erklärungsschwierigkeit ergäbe: Relativ zum Quarz reliktisch ist das Plagioklasgefüge. Bei einer Granitintrusion in die Schiefer (unter tektonischer Anpassung) ist andererseits das Biotitgefüge ältestes Element. Bei einer Mehraktigkeit des Geschehens sollten also Plagioklas- und Biotitregelung korrespondieren. Dies ist aber nicht der Fall: es korrespondieren Biotit- und Quarzregelung ($xz$-Gürtelsymmetrie bzw. $xz$-verzerrter

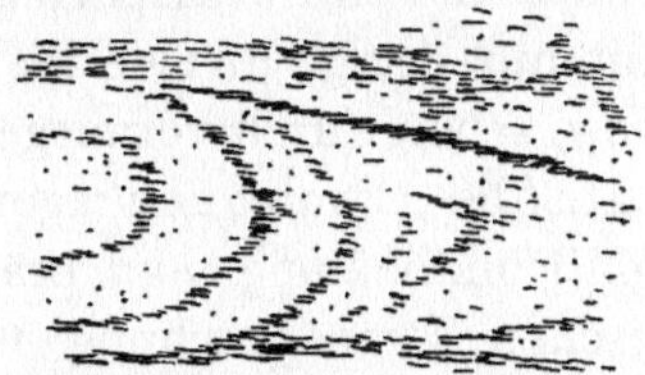

Abb. 13. Helle Lage in jungerem Böllsteiner Granitgneis. Vergr. 1:1. Höllerbach. — Die Bögen aus untereinander parallelgestellten Biotiten, die sich von den Biotitbandern des Lagegefuges ablösen, sind als Abbildungstextur ehemaliger Fließbewegungen verstandlich.

Pol in $z$). Demnach wird man das beobachtete Gefüge einem letzten vergneisenden Vorgang bei oder nach erfolgter Granitintrusion zuschreiben müssen. Innerhalb einer solchen die Intrusion überdauernden tektogenetischen Phase muß die Gefügeverschiedenheit (von Feldspat einerseits und Biotit $+$ Quarz andererseits) verstanden werden.

Dahin deutende Gefügebilder makroskopischer Dimensionen lassen sich allenthalben im Gelände finden. Man sieht an der Abb. 13, wie sich die Biotite auch im Bogen einer Falte einpolig anordnen und keinen Gürtel bilden[1].

Alle bisherigen Indizien sprechen dafür, daß der Paraanteil metamorph-schieferig vorlag, als die Granitintrusion erfolgte, und

---

[1] Wenn L. Rüger [64] im Hinblick auf die Arbeit von L. Korn [54] bemerkt, daß S-Tektonite häufig in stark injizierten Schiefern sind, während bei zurücktretendem magmatischen Anteil B-Tektonite auftreten, so bestatigt das zunächst (für den Böllsteiner) nur das Vorhandensein eines Ortho- und Paraanteiles. Es ist damit noch nicht entschieden, ob der Granit sich bei der Intrusion einer vorgegebenen Regelung anpaßte, oder ob Ortho- und Paragestein von einer späteren tektonischen Walze gemeinsam überfahren worden sind.

daß bei bzw. gegen Ende der Erstarrung durch Fortdauer der tektonischen Kräfteeinwirkung die gegenseitige Gefügeanpassung so vollständig wurde, daß ein alpinotypes Gefügebild resultierte[1].

Mißt man beim schieferanteilreichen, also „älteren" Granitgneis die zu einer Schliere zusammengehörigen Kalifeldspate[2] ein, so ergibt sich folgendes: Die Spaltrisse (001) und (010) der Kalifeldspate (annähernd festgelegt durch die optischen Mittellinien) rotieren, sofern sie in der Nähe von $y$ liegen, um diese Achse; sofern sie von ihr abstehen, gleichsinnig zu dieser Achse im $xz$-Gürtel. — Was eine solche deutliche Regelung in bezug auf den Zustand der Kalifeldspatsubstanz während der tektonischen Beanspruchung besagen soll, bleibt zunächst unklar. Es geht zwar die Quarzknitterung eindeutig in die Kalifeldspate weiter, aber in dieser (Knitterungs-)Phase muß die Kalifeldspatregelung bereits vorliegen. Es bleibt somit nur übrig: entweder die Annahme prädeform einheitlicher bzw. schon durch vorausgehende Akte parallel orientierter Kalifeldspate (die zerwalzt und regeneriert sein können), oder die Annahme, daß unabhängig vom prädeformen Zustande während der tektonischen Beanspruchung Gitterregelung auch dann stattfindet, wenn die Kristalle filmartig verzahnt, ohne kristallographischen Umriß also, wachsen. Denn ein Hineingleiten in den geregelten Zustand (nach erfolgtem Wachstum) ist nicht möglich; es handelt sich um ein druckabhängiges, „tektoblastisches" Wachstum.

Man kann nun entweder mit KLEMM annehmen, daß die aplitgranitische $G_2$-Komponente im Böllsteiner mit der (in bezug auf den Regelungsplan schwieriger zu verstehenden) $G_2$-Komponente im Bergsträßer Odenwald identisch sei und beides spätvaristische Intrusiva darstellen[3]; oder aber man kann mit V. BUBNOFF [42]

---

[1] Eine tektonische Nachphase wäre dann auch für die Ausbildung der flachliegenden Mylonite an der Grenze Böllsteiner/Bergsträßer Odenwald verantwortlich zu machen (s. weiter unten). Vgl. auch die allgemeinen Überlegungen in [66], S. 86f.

[2] Solche Züge sind bis 20 mm lang, die Kalifeldspate zeigen durchweg Mikroklinschummerung. Die Kalifeldspate eines Schliffs sind auf etwa 3 derartiger Züge verteilt; sie schalten sich zwischen die Parallellagen der Biotite. — Durch die an anderen Schliffen festgestellte $xz$-Verzerrung des Biotitpols sind (nach Einmessung der Biotite) die Gefügekoordinaten angebbar.

[3] Folgende Interpretation wäre möglich: Die ungleiche Verteilung der $M$- und $P$-Pole zur $xy$-Ebene und die der randlichen Pole zur $yz$-Ebene könnte die $[0kl]$-Symmetrie wiedergeben. Nach SANDER [65] sind $(0kl)$-Flächen bevorzugte Scherflächen; nehmen wir an, ein Komplex mit $xz$-

annehmen, daß alle Gesteine des Böllsteiner Massivs älter sind als die Intrusion des Bergsträßer Granites. — Für beide Standpunkte sind Argumente anführbar. Diese sollen später besprochen werden.

Es genügt hier folgendes festzuhalten: Entgegen KLEMMs Ansicht ist ein Teil des kristallinen Odenwaldes, eben der Böllsteiner Anteil, vergneist. Entgegen v. BUBNOFFs erster Ansicht [16] haben „beide" Granite des Böllsteiner Odenwaldes den gleichen Vergneisungsplan, worauf schon D. KORN [19] hinwies. Also ist die jetzt vorhandene Textur nicht zwischen einer G und $G_2$-Intrusion, sondern nach der Intrusion der $G_2$-Komponente dem Komplex aufgeprägt worden. Das ist schließlich auch von v. BUBNOFF in [42] als möglich eingeräumt worden. — Möglicherweise muß man den Granitanteil im Böllsteiner Mischkomplex an der (Begriffs-)Grenze Tektonit/Schmelztektonik (nomenklatorisch) unterbringen. „Aufschmelzungen des älteren Granites durch den jüngeren", wie sie v. BUBNOFF andeutet, braucht man dann keine besondere Bedeutung zumessen, wenn man bedenkt, daß die Intrusion von G und $G_2$ ohne merklichen Hiatus erfolgte, worauf die Verschlierungen hinweisen.

v. BUBNOFF ist auch beizupflichten, wenn er anmerkt, daß „beide Granite vor allem einen letzten Prägungsakt abbilden und Reliktstrukturen durchaus nicht immer zu erwarten sind" (S. 376); es ist also denkbar, daß von bereits metamorph gewesenen Gesteinen nur die Abschlußphase erhalten ist. Gerade im Hinblick darauf, daß nur der „letzte Prägungsakt" texturell deutlich ist, möchte ich darauf hinweisen, daß man v. BUBNOFFs Vergneisungsvorstellung keineswegs aufgeben muß, wenn man die KLEMMsche Alterseinstufung aufrechterhalten möchte.

v. BUBNOFF argumentiert etwa so: Diese und jene Gesteine sind vergneist, also ist ihre Intrusion älter als die (Bergsträßer) varistische Intrusionsfolge. — KLEMM hingegen meint: Der $G_2$ in beiden Odenwaldanteilen gehört zur varistischen Intrusion, also kann er nicht vergneist sein[1].

---

Symmetrie (Altbestand) habe bei der Granitintrusion als neues Gefügeelement $[0kl]$-Gürtel erhalten. Nehmen wir sodann an, daß (nach Abklingen der Intrusion) die fortdauernde tektonische Beanspruchung dieses $[0kl]$-Element wieder undeutlich werden läßt, bis schließlich wieder der $xz$-Gürtel dominiert und zum Abschluß innerhalb dieses $xz$-Gürtels ein einziges Maximum bevorzugt wird. — Wir hätten so eine allgemeine, aber immerhin doch schon schärfer umrissene Vorstellung von der Natur der Böllsteiner Petrogenese

[1] Was die relative Höhe der Gebirgsstockwerke angeht, so unterscheidet sich v. BUBNOFFs Ansicht von der meinigen darin, daß ich den Bergsträßer Odenwald nicht für ein „Deckgebirge" zum Böllsteiner Odenwald halte. (Die

Ich halte diese Schlußweise nicht für zwingend. — Auch der Bergsträßer $G_2$ (z. B. vom Lindenstein bei Hambach) hat ausgesprochen straffe Parallel-textur. Anderseits gibt es auch im Böllsteiner verschieden deutlich ver-gneiste $G_2$-Gänge. Es könnte ja z. B. sein, daß (unbeschadet zurückliegender, bisher noch nicht entzifferter tektonischer Phasen im Böllsteiner Sockel) die jetzt „von letzter Prägung" erreichte Textur im Böllsteiner gleichalterig der Bergsträßer Flaserungskinetik ist. — Eine Antwort auf eine solche Fragestellung kann erst im Anschluß an die Untersuchungen des 2. Teiles der Arbeit versucht werden.

### D. Petrogenetische Gesichtspunkte für den kristallinen Odenwald.

Die Struktur- und Texturvergleiche gestatten bei Mitberück-sichtigung der sonstigen geologischen Verhältnisse eine präzisere Niveaugliederung der Gesteine auch dann, wenn mineralfazielle Unterteilungen nicht möglich sind.

Die Böllsteiner Anteile liegen offenbar tektonisch so wenig „tief", daß im wesentlichen die kinetische Regionalmetamorphose den letzten Ausschlag gibt. Intrudierende oder injizierende mag-matische Gesteine werden von dieser Metamorphose miterfaßt; Intrusion und „Vergneisung" überlappen sich, die „Vergneisung" überdauert die Intrusion.

Beim Böllsteiner sind wir also in „tektonotyper" Tiefenlage; magmatisches Material erscheint injektiv zwischen Paragesteinen. Ein tieferes Gesteinsstockwerk ist für den Bergsträßer Odenwald anzunehmen: wir sind magmanäher, den durchbewegenden Kräften wirkt dauernd die magmatische Zufuhr entgegen. Während „von oben" eine metamorphe Gefügeeinregelung erstrebt wird, besteht „von unten" die Tendenz zu anatektischer Gefügeentregelung. Die Flaserstruktur des Bergsträßer Granites ist als das Ergebnis dieser entgegengesetzten Bestrebungen zu verstehen.

Wie die Grenze gegen den Böllsteiner zu verstehen ist, ob lateral, ob zeitlich oder ob einfach „nebeneinander", ist die noch offene Frage[1].

---

Frage des Böllsteiner Sockels steht auf einem anderen Blatt!) Daher scheint mir die von v. Bubnoff zitierte Forderung B. Sanders einer „Tek-tonik mit steilen Achsen" für den Bergsträßer Odenwald durchaus sinnvoll. Vielleicht könnte man von einem solchen Ansatzpunkte ausgehend eine angemessene Unterscheidung für die „Intrusionstektonik" und die „Decken-tektonik" definieren.

Die von v. Bubnoff geforderte genauere „Analyse der Mylonite der Grenzzone" (Otzbergzone) wird in dieser Arbeit gegeben.

[1] Daß das Problem komplexer Natur ist, ergibt sich z. B. auch aus fol-gendem: Die älteren granodioritischen Intrusionen, wie die des „Gh" in der Weschnitzsenke mit kuppelartig umlaufenden PT-Elementen, haben — wenn man die üblichen Vorstellungen zugrunde legt — ihren Intrusionsraum oberhalb einer hypothetischen Mobilisierungsfront. Wenn nun in geo-graphisch gleicher Höhe — größere Verwerfungen liegen nicht dazwischen —

Immerhin ist das Auftreten von Mobilisationszonen innerhalb des Bergsträßer Odenwaldes typisch und unterscheidend gegen den Böllsteiner Anteil. Vor der Behandlung der Trommgesteine werden daher zweckmäßigerweise die Art und Weise mobilisierender Umprägungen noch einmal zusammengefaßt.

Der empordringende, überall stark durchtrümernde und durchschlierende granitoide Ichor trifft

1. Altbestände, die texturell noch $\pm$ intakt sind (hornfelsartiges bis amphibolitisches Gefüge),

2. Altbestände, die durch eine vorangehende Kalifeldspat„front" aufgelockert sind (imbibierte metamorphe Schiefer),

3. Altbestande, die ohne sichtliche Fremdzufuhr blastisch umkristallisiert sind (dioritisierte Plagioklas-Megablastenschiefer),

4. Altbestände, die bis zur Teilschmelzung mobilisiert sind (Flaserdiorite zum Teil, Fleckendiorite zum Teil).

Offen bleibt das Verhältnis von granitoidem Ichor und vorhandenem Gestein bei den

5. flasrigen bis homophanen Dioriten (zum Teil nach geologischer Lagerung und Relikten deutbar als Diatexite),

6. nestartigen Gabbrodioriten mit poikilitischer Struktur (deutbar als Palingenite).

Die Zuweisung im einzelnen wird erschwert durch die der Granitintrusion gleichzeitigen Durchbewegung des Gesamtkomplexes. Sie ist an der blastomylonitischen Granitstruktur erkennbar. Die Bewegung kann das auslösende Moment für die granitische Durchsetzung gewesen sein.

Die Flaserung der Diorite ist somit bedingt 1. durch die reliktische PT, 2. durch die der alten PT gleichsinnige Durchbewegung während der Mobilisierung der Diorite. Hierin scheinen sich die Verhältnisse im Odenwald von denen im Schwarzwald zu unterscheiden[1].

---

die anatektische Mobilisationszone von Bensheim-Reichenbach gefunden wird, so ergibt sich daraus, daß auch innerhalb des Bergsträßer Odenwaldes petrogenetische Niveauverschiedenheiten vorhanden sind.

[1] Die (nach den vorliegenden Arbeiten) im Schwarzwald durchfuhrbare Indizientrennung für stark mobilisierte, durch Teilschmelzung umkristallisierte, aber in situ gebliebene Aorite (Diatexite des Schwarzwaldes) einerseits und für $\pm$ vollständig magmatoid umgebildete, intrusionsfähige Palingenite (ein Teil der „Syenite" des Schwarzwaldes) anderseits läßt sich für den Odenwald nicht durchführen. — Denn

1. beobachtete schon D. HOENES ([49], S. 160 oben), daß auch metablastisch einwandernde Kalifeldspate „die Rolle porphyrischer Einsprenglinge zu spielen beginnen" und Idiomorphie somit kein Anzeiger für den Mobilisationsgrad ist; 2. kann die bei Palingeniten beobachtete Zonarstruktur kantig-leistiger Plagioklase auch dann schon in einem noch nicht palingenen Stadium auftreten, wenn während der Blastese durchbewegt wird, so daß die Diffusionsgeschwindigkeit erhoht und der Biotit-Hornblendequotient verändert wird; 3. kann umgekehrt in schon magmatoid umgebildeten (also „palingenen") Gesteinen dann ein „nur" metablastisch-diatektisches Gefüge aus nicht zonaren, nicht kantigen Plagioklasen auftreten, wenn nach einer Durchbewegung die Kristallisation blastisch abklingt.

Da die Kristallisation die Durchbewegung überdauert hat, sind außer den im Block als Ganzes bewegten metamorphen Schieferanteilen (mit intakter metamorpher Textur) metablastisch-statische Gefüge, polygonal-bögige Flasergefüge und richtungslose Gefüge zu beobachten.

Das beobachtbare Alternieren derartiger Ausbildungen in Schnitten $xz$, so daß also beispielsweise — wie in Schönberg — dauernd dioritartige und amphibolitische Textur wechselt, kann zurückgeführt werden auf primäre Schichtinhomogenitäten, es könnte aber in einzelnen Fällen auch selektive Mobilisierung infolge des Durchschreitens von Druckwellen stattgefunden haben, zwar dergestalt, daß am Wellenberg bevorzugte Umkristallisation erfolgte. Eine einmalige derartige selektive Lockerung beim Durchgang eines Druckstoßes genügte ja, um die Inhomogenität hervorzurufen, die man annimmt, um bei statischem Druck die unterschiedliche Mobilisierung zu erklären. — Es wäre also statt gleichförmige Druckeinwirkung auf Metamorphite mit Schichtwechsel folgender Mechanismus denkbar: a) kein Lagenwechsel im Metamorphit, b) Schaffung eines „Lagenwechsels" im Metamorphit durch eine Druckwelle. c) Verstärkung der selektiven Umkristallisation durch gleichförmige Druckeinwirkung auf die durch die Druckwelle alternierend angelegten Schwächezonen.

Mobilisierungen im engeren Sinne gehen jedenfalls über den „normalmetamorphen" Kristallumbau hinaus. Den Mechanismus des Geschehens kann man sich vielleicht durch eine Teilauflösung der Silikatgitter und eine „Verkantung" der Restkomplexe — $SiO_4$-Gruppen — erklären, in dem nun in den Fugen zwischen den „verkanteten" Restpaketen die Kationen wandern und sich zu neuen Konstellationen gruppieren. Bei der (Meta-)Blastese ist diese Gitterpaketverkantung auf Zentren (nämlich die Blasten) beschränkt; bei gesteigerter Anatexis vereinigen sich die „Trümmer"bereiche zu „Trümmer"zonen (rekristallisiert als Metatekte), so daß das Ganze eine $\pm$ bewegliche Phase darstellt.

Alles Diskutierte zusammenfassend, darf man wohl für den Bergsträßer Odenwald folgende zusammenfassende Charakteristik geben:

Die an der Grenze des „tektonitischen" und des magmatoiden Bereiches der Erdkruste entstandenen syntektischen Gesteine zeigen einen flasrigen Habitus, wechselnde Betonung statischer und kinematischer Erstarrungsmomente, hervorgerufen durch eine die Durchbewegung überdauernde Kristallisation entektisch mobilisierter intermediärer Altbestände und zugeführter metasomatisch einwirkender granitoider Anteile.

Es ist bei einer solchen Charakterisierung sinnvoll, die für den Odenwald beispielhafte Gesteinsparagenese nicht mit dem (Süd-) Schwarzwald zu vergleichen, sondern mit den von W. KOCH [53][1] beschriebenen Verhältnissen im Ruhlaer Sattel[2].

---

[1] Umständehalber kam mir damals die Arbeit von KOCH erst nach Abschluß von [58] zur Hand; um so erstaunlicher sind die Entsprechungen im Sachlichen und die Gleichbewertung der Indizien.

[2] LEPSIUS hatte schon die Böllsteiner Gneise mit den Freiberger roten und grauen Gneisen verglichen, also ebenfalls mit Gliedern des thüringisch-sächsischen Varistikums.

Östlich Bensheim überwiegende Gesteine, die den von KOCH abgetrennten metablastischen Gesteinen vom Typus Liebenstein entsprechen; Agmatite, diskordant „metatektisch", treten dabei zurück. Auflockerung des schieferigen Gefüges unter Erhaltung einer Reliktstruktur und Annäherung an homophane Diorite hier wie bei Ruhla. — Der stärkere Einfluß magmatischer Massen, den KOCH für den Liebensteiner Migmatit annimmt, muß auch bei uns dafür verantwortlich gemacht werden, daß (bei der beobachteten Biotitbildung aus Hornblende) der Plagioklas nicht zunächst wie bei dem Brotteroder Typus basischer wird, sondern sofort der 2. Entwicklungsphase, also dem Saurerwerden bis zu einer unteren Konvergenzgrenze nachkommt.

Die Konstanz einer unteren Konvergenzgrenze, unter die also bei modal verschiedenen Gesteinen der Anorthitgehalt nicht sinkt, so verschieden basisch auch der Ausgangsplagioklas (Kerne!) ist, scheint ein brauchbares Indizium zu sein für die Unterscheidung, ob eine Gesteinsserie auf normal magmatisch differenziertem Wege oder auf metamorphem (bzw. „metablastischem") Wege seine Entwicklung abgeschlossen hat. E. WENK [72] fand z. B., daß innerhalb einer metamorphen Gesteinsserie alle Gesteine „einen Andesin mit durchschnittlich 35 % An führen, unabhängig davon, ob das Gestein gabbroide, quarzdioritische oder granodioritische Zusammensetzung hat". Die Existenz einer unteren Konvergenzgrenze bei den Plagioklasblasten (unabhängig von der Farbzahl) gestattet also eine Erweiterung der WENKschen für Metamorphite entwickelten Vorstellung auf die Migmatite.

Die bei Brotterode beobachtete Inversfolge bei der Feldspatausscheidung würde im Odenwald auch dadurch verschleiert werden, weil hier von vornherein basische Edukte (Diabasamphibolite u. a.) mobilisiert werden. Gelegentlich finden sich aber auch im Odenwald invers zonar gebaute Plagioklase (vgl. [58]); vor allem aber scheinen die von V. LEINZ [20] südlich der Tromm beschriebenen Amphibolit-Diorite des Schollenagglomerates dem Brotteroder Typus näherzustehen[1].

Im allgemeinen ist im Odenwald die Bildung von Biotit aus Hornblende unter Anfall einer Anorthitkomponente weniger von Bedeutung als die

---

[1] Das LEINZsche Argument, wonach nämlich die (diopsidführenden) Diorite nach dem Variationsdiagramm basischer sind als die (diopsidfreien) Amphibolite, mithin eine anatektische Ableitung der Diorite aus den Amphiboliten nicht möglich sei, ist nicht zwingend, denn gerade die mehr basischen Anteile des Eduktes können infolge fazieller Instabilität zunächst von der Mobilisierung erfaßt werden.

Bildung von Orthoklas und Hornblende aus Plagioklas und Biotit, schematisch etwa:

$$2\,\text{Anorthit} + \text{Biotit} + 2\,SiO_2 = 1\,\text{Kalifeldspat} + \text{Hornblende}$$
$$2(CaAl_2Si_2O_8) + KMg_3(OH)_2 \cdot Si_3AlO_{10} + 2\,SiO_2$$
$$= KAlSi_3O_8 + Ca_2Al_2Mg_3(OH)_2 \cdot Si_6Al_2O_{22}$$

Durch Heraushebung von syenodioritischen und -granitischen Typen weist auch KOCH für sein Gebiet auf die rechte Seite der Gleichung hin. Die Abtrennung zugeführten Kalifeldspates ist schwierig.

KOCH vermutet, daß der Diorit von Brotterode palingener Herkunft sei. Die Indizien, die er dafür anführt, treffen auch den Diorit der Hohberg-Nordseite. Die dort eingeschalteten diskordanten Gabbrodioritnester würden konsequenterweise als intrusiv gewordene Anatexite gedeutet werden müssen; es wären solche, die nur den 2. Teil des Feldspatwerdeganges zeigen, denn der basische Feldspat sitzt im Kern: also normal-gabbroide Ausscheidung ohne Inverserscheinungen. Ich habe (für den Odenwald) diese Frage offengelassen. Erst die nähere Untersuchung poikiloblastischer Strukturen an anderen Gabbros (Laudenau) wird weiterführen; Hornblendepoikiloblastese ist jedenfalls in Mobilisatgesteinen möglich, wie es auch KOCH in seinem Gebiete beobachtet hat.

Auf weitere Indizienübereinstimmung (komplizierte Feldspatzwillingsstöcke, kersantitischer Charakter von Mischtypen usw.) kann hier nicht eingegangen werden. — Es sei hier nur vorweggenommen, daß einige der im 2. Teil der Arbeit beschriebenen Trommgesteine zum Teil den „metablastischen Orthogneisen" (nach KOCH), z. B. der Trockenberggruppe (in bezug auf Muskowitführung, Verhalten der Myrmekite, Unterschiede in der Kalifeldspattafeligkeit je nach der Stellung zum porphyrartigen Granit usw.) entsprechen würden.

Hier wie dort werden bei verstärktem thermischen Einfluß in einem Bereich amphibolitischer Schiefer durch Mobilisierung dioritische Typen geschaffen. In der Mobilisationszone, in der bereits die Mafite umkristallisieren, müssen die Felsite (des Liegenden) schon intrusiv geworden sein. Einer solchen granitischen Durchtrümerung geht eine (unterschiedlich quarzführende) Kalifeldspatimbibition voraus; es entstehen kalifeldspattührende Diorite und Syenite[1].

---

[1] Bei der geologischen Kartierung von KLEMM ist das Auftreten von Mobilisatgesteinen noch nicht berücksichtigt worden. Infolgedessen sind manche Grenzziehungen der Karte neu zu interpretieren.

Dies gilt z. B. — ich ergänze hier zu [58], S. 447 — für den auf der Karte eingetragenen Granitschlauch, der sich von der Neunkircher Höhe bis zu den granitischen Mischgesteinen „am Berge" bei Knoden hinziehen soll und der

Im Böllsteiner Odenwald fehlen die besprochenen mannigfaltigen Typen völlig, davon wird des weiteren im 2. Teil die Rede sein.

so die metamorphen Schiefer nach Westen zu abschneidet. Auf der Karte treten sie dann nur südlich des Diorites vom Seidenbuch auf.

In Wirklichkeit aber muß man sich die Schiefer auch auf der Nordflanke nach Westen zu verlängert denken, nur sind sie hier stärker von der Mobilisierung erfaßt. Reliktische Gesteine (wie am Salztrog) westlich des Granitschlauches, der in dieser Form nicht existiert, gleichen völlig den Amphiboliten von Kolmbach (also östlich des Schlauches, als msh kartiert; vgl. dazu [52]). Ebenso gleichen die verwitterten Schiefer in der Hohle SW des Knodener Kopfes denen vom Kapellenberg zwischen Kolmbach und Gadernheim. Berücksichtigen wir ferner, daß bei Schönberg intakte Schieferpakete

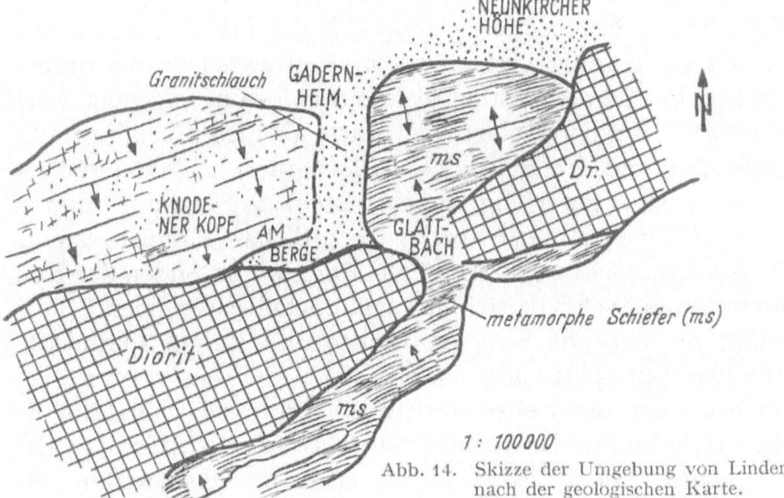


Abb. 14. Skizze der Umgebung von Lindenfels, nach der geologischen Karte.

von 100—200 m Mächtigkeit anstehen, daß sich mitten im Diorit-Granitmischgebiet nördlich des Märkerwaldes (Saubach) injizierte Schiefer finden, die denen von der Lützelroder bei Lindenfels entsprechen, so ist es wohl angängig, den Schieferzug auch nördlich des Diorites nach Westen zu verlängern, man muß ihn rekonstruieren aus den sog. Einschlüssen, also den Relikten, die im wesentlichen wohl noch in situ anstehen. Damit verschwindet auch der Granitschlauch: Die Grenze ist einfach dadurch gegeben, daß intakte metamorphe Schiefer in das westliche Mobilisationsgebiet hinein verschwinden, ohne daß an der „Grenze" ein größerer granitischer Anteil auftritt als weiter westlich auch. Granitische Trümer findet man ja auch noch (östlich des Schlauches!) in den Gesteinen des Raupensteins. — Auch die **größere Stoffmannigfaltigkeit des Ostanteiles klingt allmählich nach Westen ab**, weiterhin werden durch die Dioritisierung Unterschiede im Edukt verwischt.

Da sich westlich Glattbach eine schärfere Grenzziehung zwischen noch intakten und nicht mehr intakten metamorphen Schiefern ziehen läßt (der Steilabfall des Eichwäldchens gehört noch zum dioritischen Mischkomplex, der Buckel „auf der Mehren" liegt im Schiefer), könnte man, wenn schon keinen stofflichen, so doch vielleicht einen tektonischen Einschnitt vornehmen.

Sieht man sich die in der Skizze schematisch eingetragenen Fall-

2. Teil.

## Das Tromm-Massiv und sein Rahmen.

### E. Zur petrographischen Übersichtskarte.

Der Skizze liegen die KLEMMschen Aufnahmen zugrunde. Die geänderte Anordnung und die Abtrennung bzw. Neueinzeichnung einzelner Gesteine sowie die von KLEMM abweichende Darstellung des Verbandes erfolgte nach eigenen Begehungen (1948 und 1949) und unter gelegentlicher Hinzuziehung der älteren CHELIUSschen Karte.

Grundsätzliches über die Stellung des Tromm-Massivs wurde bereits bei der Einführung gesagt. Es gilt einer detaillierten Untersuchung der Verbandsverhältnisse.

Wie schon Abb. 1 zeigte, schiebt sich der Trommgranit gleich einem sich nach unten verbreiternden Keil zwischen den granodioritischen Pluton des westlichen Odenwaldes (im folgenden kurz „Quarzdiorit"; auf der geologischen Karte als „Hornblendegranit" ausgeschieden) und den Böllsteiner „Biotitgranit". Weiter südlich grenzt mit einer Verwerfung Buntsandstein an; erst am unteren Ende des Massives kommen wieder die östlichen Rahmengesteine zum Vorschein (Aschbacher Serie). — Dort, wo im Süden der Keil am breitesten ist, schließt sich das sog. „Schollenagglomerat" an; es enthält metamorphe Schiefer, Diorite und Kalifeldspatmischgesteine zwischen aplitischem Granit.

Am Nordende des Keiles wird die Weiterführung des geographischen Höhenzuges der Tromm vom Quarzdiorit („Hornblendegranit") übernommen. Östlich davon, und zwar schon weiter südlich auftauchend, liegt der (von mir so genannte) Hornblendegneis. Dieser grenzt, wie auf der Karte ersichtlich, im Süden an Trommgranit, im Norden an Quarzdiorit. Klemm hielt Quarzdiorit und Hornblendegneis für dasselbe Gestein („Hornblendegranit"), so daß auf seinen Karten ein bogenförmiges Umgriffenwerden des Trommgranites durch „Hornblendegranit" zu sehen ist.

---

richtungen an (nach KLEMM und eigenen Messungen), so erkennt man ein beidseitiges Einfallen unter den Diorit, genauer gesagt, man erkennt eine Tendenz dazu, denn bei einem Kippen von nur 10° aus der saigeren Lage läßt sich ein Fallen oft nicht sicher abnehmen, so daß KLEMM [12] meint, es sei nicht sicher zu sagen, „ob ein Sattel vorliegt, dessen Kern der Diorit des Heppenheimer Waldes einnimmt". Ich selbst möchte eher eine Mulde annehmen, so wie sie HOPPE [50] für den ganzen Dioritkomplex zwischen Großbieberau und Heppenheimer Schiefer diskutiert.

Ob freilich die stärkere sekundäre Beanspruchung der Nordflanke des Schiefermantels um den Diorit, also die anatektische Dioritisierung dieser Nordflanke, etwas mit der von EWALD [17] geforderten Polarkomponente zu tun hat, ist eine andere Frage.

— 426 —

Die auf meiner Skizze innerhalb des Hornblendegneiskomplexes eingetragenen „alten Mylonite“, die mit den Gesteinen der „Zwischenzone“ neu ausgeschieden worden sind, veranlaßten die Unterscheidung von Quarzdiorit und Hornblendegneis und die Zuordnung des Hornblendegneises zum Böllsteiner Komplex.

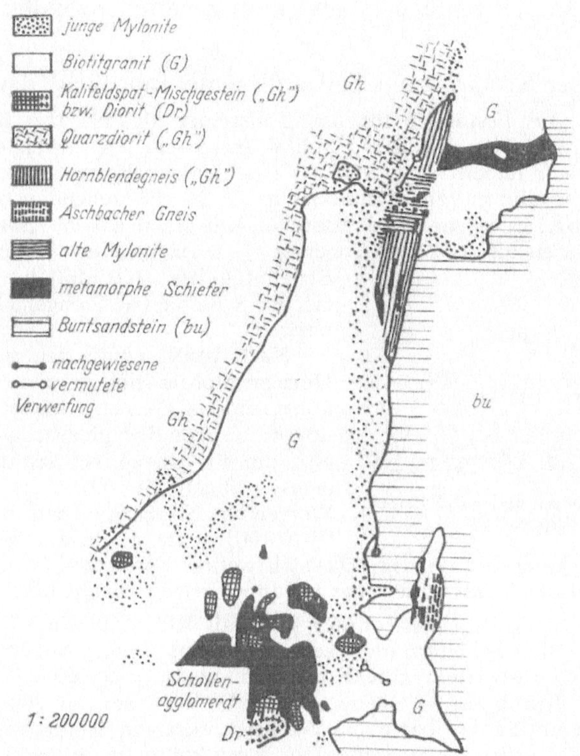


Abb. 15. Petrographische Skizze der Tromm. 1:200000. Erläuterungen s. im Text.

## Dadurch ergibt sich folgende Verteilung:

**Bergsträßer Odenwald.**

Quarzdiorit („Hornblendegranit“ Gh der Karte).

Trommgranit (Biotitgranit G und G_2) mit Einschaltungen des Schollenagglomerates:
a) metamorphe Schiefer ms,
b) Diorit Dr,
c) Hornblende-Kalifeldspatmischgesteine (zum Teil „Hornblendegranit“).

Junge Mylonite des Trommgranites und des Quarzdiorites.

**Böllsteiner Odenwald.**

Böllsteiner Gneise:
Hornblendegneis („Hornblendegranit“ Gh der Karte).
Granitgneise (älterer und jüngerer Biotitgranit mit Einschaltungen metamorpher Schiefer).
Alte Mylonite und metamorphe Schiefer der Zwischenzone.

**Erzbacher Fenster**
südlich des metamorphen Schieferbandes mit indifferenten Graniten und intermediären Gesteinen.

Man ersieht aus dieser Zusammenstellung, daß der Name Gh, also Hornblendegranit, für drei verschiedene Gesteine genommen worden ist. Besonders hierbei ist also eine Neuordnung vonnöten.

Der Übersichtlichkeit halber wurden auf der Karte die aus der Literatur bekannten, sowie neu gemessene tektonische Daten wie Klüfte, Flaserung, Durchtrümerung usw. nicht eingetragen. Diese Daten werden daher nachstehend kurz zusammengefaßt:

*a) Böllsteiner Kuppel* (zum Teil außerhalb [nördlich] der Skizze).

D. Korn [19] bestätigte für das Böllsteiner Massiv, also für Granitgneise samt Schiefern die Messungen v. Bubnoffs [16] durch eingehende Vergleiche. Wir haben — s. Abb. 16 — einen Kluftstern mit V-förmiger Häufigkeitsverteilung von symmetrisch zu N—S stehenden mehr oder weniger saigeren Elementen und zusätzlich eine glatte O—W-Kluft, die nach den Gefügedaten als $yz$-Ebene zu einer $\pm$ horizontal E—W auftretenden Striemung bzw. Kleinfältelung der injizierten Schiefer (= Stengelachse $y$) auftritt.

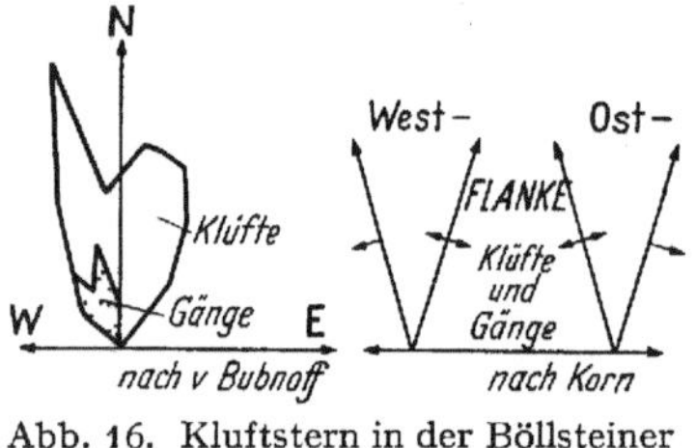


Abb. 16. Kluftstern in der Böllsteiner Kuppel.

Nach Korn ist die Striemung bzw. ihre Horizontalprojektion (ann. = $y$ - Achse) konstantestes Element des ganzen pseudorhombischen Komplexes; das Schiefer-s, also die $xy$ - Ebene, schwankt nach Art eines welligen Gewölbes, so daß neben Werten wie N—S-Streichen, flach E oder W-Einfallen auch solche von schwebender Lagerung gemessen werden. Das sich wellige Fortsetzen ist ein Hinweis für die Nichtabgeschlossenheit der „Kuppel" nach Süden und Norden.

Korn weist ausdrücklich darauf hin, daß Klüftung wie Mineralgefüge in „Graniten" und Schiefern identische Werte ausweisen. Außer den (schon beschriebenen) $xz$-Gürteln gibt Korn auch noch Doppelgürtel auf Kleinkreisen symmetrisch zur $xz$-Ebene an. Die Wellung der polygonal angeordneten Biotite um $z$ in $xz$ hat einen Winkelbereich von 60—80°. Korn liest aus den tektonischen Daten eine Horizontalkomponente (Schub, Durchbewegung) ab, läßt aber offen, ob — wie F. E. Suess [71] meint — der Bergsträßer Odenwald auf die „Zone metamorphen Faltenbaus" hinaufgeschoben wurde (vgl. S. 103).

Die von Klemm in verschiedenen Arbeiten (Lit. [3]—[14]; ferner in Erläuterungen zur geologischen Karte) verstreuten weiteren Einzelangaben bringen nichts Neues; auch Klemm weist darauf hin, daß das Umlaufen der Schiefer im Norden (Wiebelsbach) nicht eindeutig sei. Es wäre allerdings damit eine Neubearbeitung der sich nördlich anschließenden flasrig, porphyrartigen „Hornblendegranite" (die N 75 E streichen und 15 NW einfallen) notig.

*b) Erzbacher „Scholle"* (auf der Karte südlich des Schieferbandes).

Die tektonischen Daten zwischen Bockenrod und Unterostern sprechen nicht für ein Umlaufen, sondern für eine wellige Fortführung. Trotzdem werden die weiter südlich anstehenden Gesteine, also die (südlich des

N 75—80 E und schwach S fallenden Schiefergürtels) im Erzbacher Bereich
anstehenden indifferenten Granite mit ihren Einlagerungen (z. B. „Diorit"
von Rohrbach, der N 45 E zieht) nicht zum Bollsteiner zu rechnen sein. Die
Verhältnisse können als „tektonisches Fenster" gedeutet werden.

### c) „Hornblendegranit"-Massiv des Weschnitztales (Quarzdiorit).

Im Gebiet der Weschnitzsenke zeigt die PFANNENSTIELsche Karte [61]
kuppelartiges Umlaufen der basischen Einschlusse. Das trifft für den
NE-Teil aber nicht zu: Bei Fürth und östlich ziehen die
linsigen Einschlüsse — wie sonst auch saiger stehend —
über das Gumpener Kreuz in NE-Richtung weiter. Am
Knabenberg bei Furth wird N 10—18 E abgenommen, mit
einem Einfallen steil nach W. Nördlich des Knabenberges,
und zwar an der Straße vom Gumpener
Kreuz nach Lindenfels, finden wir
N 30—40 E bei steil östlichem Einfallen. Der Pluton hat also hier keinen
Abschluß. Ein gleiches gilt für das
SW-Ende bei Birkenau. Hingegen ist
das Umlaufen an der Westflanke
( Hirschkopf, Liebersbach - Lauden-
bach) wieder feststellbar. — Entsprechend der Plutongrenze gegen
Osten, also gegen den Westhang der
Tromm, verläuft die Flaserung NNE,
dieser Richtung folgen Aplite. Bei
Gängen und in der Teilbarkeit treten
noch die Richtungen NW und ENE
auf. — Die NNE-Richtung soll nach
v. BUBNOFF eine Umstauchung aus
einer ENE-Richtung bedeuten; eine
Schleppung nach der Richtung der
Otzbergspalte, in die nach v. BUBNOFF
die Bergsträßer Züge einschwenken.

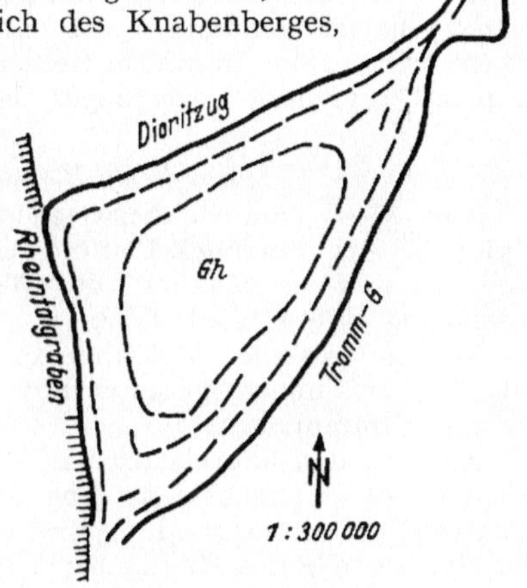


Abb. 17. Das Auszipfeln der sonst um-
laufenden Flaserung des „Hornblende-
granit"-Plutons am NE- und SW-Ende.
Geänderte Skizze nach der PFANNEN-
STIELschen Karte, in der vollstandiges
Umlaufen eingetragen ist.

Eine solche Annahme ist — bis auf Einzelfälle — nicht nötig, wie schon
KLEMM und PORTMANN betonten. Einer NNE-Flaserung kommen im Birkenauer Tal zum Teil auch die Biotitgranite nach. Daneben tritt aber im
Hornblendegranit noch eine N 80 E - Flaserung, mit Kluften und Apliten
senkrecht dazu, auf.

### d) Trommgranit.

Auf der Tromm selbst findet sich an Klüften und Pegmatiten/Apliten
der schon vom Bollsteiner her bekannte V-Stern (also 160—175 bzw. 10—20).
Dazu stehen N 80 E steile bis saigere Klüfte. Gleichsinnig verläuft eine
Teilbarkeit, die allerdings wie die Flaserung auch Werte von 85 bis 125°
annimmt. Ein solches System hätte man schon den CHELIUSschen Karten
entnehmen können, sagt v. BUBNOFF. Speziell fur den Borstein an der
Tromm beschreibt PFANNENSTIEL diese Verhältnisse. — Weiter südlich,
am Gärtnerskopf, fällt die ann. E—W- Komponente 55—70 nach S, die
ann. N—S-Komponente 65—70 nach E ein. PFANNENSTIEL betont „jüngere
flache Lageraplite".

### e) Aschbach und Schollenagglomerat.

Die Richtung 65—85, eben als Flaserrichtung genannt, bleibt auch um Waldmichelbach erhalten, wo die saigeren Biotitschlieren des Biotitgranites in dieser Richtung streichen.

Bei Aschbach tritt dazu die flache Lagerung der Böllsteiner Elemente. Die schon am Gärtnerskopf genannten flachen Lagergänge werden häufiger. Die flachwellige Paralleltextur zieht 120—130 und fällt N bis NE flach ein. In der Assimilatzone des Galgenfeldes maß Pfannenstiel steilere Werte: (str.)/(fall): 125/70 NE; 90/75 N; 150/80 NE. Dazu merkt er an: „Dieses Wechseln im Streichen denke ich mir als eine Abbildung der einstigen Falten des nunmehr resorbierten Schiefermaterials", so [61] S. 48. Ein N—S streichendes nach W fallendes Kluftsystem (Fallen 40—70) schwankt in der Steilheit je nach der Paralleltextur. Senkrecht zur Paralleltextur setzen schärfer gesäumte Aplite durch als in Richtung derselben. — Nach Pfannenstiel sind in diesem Gebiete, der Salbandschärfe nach zu urteilen, gewisse Ganggranite noch jünger als die Aplite und Pegmatite.

### f) „Otzbergmylonite" der Tromm.

Ann. N—S, nämlich überwiegend NNE ist die Hauptrichtung der steilen Mylonite. Am Storrbuckel ist die Ostscholle relativ nach Süden verschoben [61]. — „In der Klemm" des Weschnitzdurchbruches erfolgt die Verruschelung N 35 E/ steil NW[1].

Von diesen steilen Myloniten zu trennen sind die flach liegenden, mylonitisch überfahrenen metamorphen Gesteine, ihre Beanspruchung ist älter (s. weiter unten).

Auch in den kataklastischen Gesteinen des Schollenagglomerates sind 2 Typen zu unterscheiden: eine ältere, flachliegende blastomylonitische („flasrige") Texturausbildung und eine jüngere Verruschelung, die wie an der Sprengstelle des Kreidacher Tunnels, das blastomylonitisch verformte Gestein senkrecht durchsetzt. Am Kreidacher Tunnel war der V-Kluftstern (15—30 und 150—170) beobachtbar.

Das komplizierte System der jüngeren Mylonitisierung auf Blatt Birkenau hat Klemm in den Erläuterungen zu dieser Karte S. 62—67 abgebildet. Weiter nach Süden zu wird das Bild noch verworrener, da die Unterscheidung verschiedenalteriger Elemente schwierig ist.

Jedenfalls ergibt schon diese gedrängte Übersicht, daß die tektonischen Richtungen, die sich im Gebiete der Tromm finden, weder typisch für „Böllsteiner Gesteine" noch typisch für „Bergsträßer Gesteine" sind. Ein N—S angelegtes, zum Teil gegabeltes System, das etwa im Zuge der sog. „Otzbergspalte" zu finden ist, erfaßt die verschiedenartigsten Gesteine, die Klüftung ist eben jünger als die Intrusion der Granite und somit auch jünger als die Ausbildung des Verbandes zwischen „Bergsträßer" und „Böllsteiner" Elementen. Das gesamte in Frage kommende Gebiet hat

---

[1] Klemm [8] nimmt an, daß die Tromm insgesamt unter Ausführung einer Kippbewegung im Westen gehoben wurde. Daher rühre der Steilabsturz der Tromm nach Westen. — Gebankte Klippen auf dem Höhenrücken zeigen eine N—S ziehende flächige Flaserung, die 30 nach W einfällt; die Vereinbarung solcher Richtungen mit seiner Annahme steht noch aus.

unabhängig von (vorangehenden) genetischen Verschiedenheiten einheitlich auf eine Bruchtektonik reagiert. Nicht die Bruchtektonik, sondern die Untersuchung der Verbandsverhältnisse, soweit sie der Bruchtektonik entgangen sind, muß für eine genetische Gliederung und Unterscheidung herangezogen werden.

## F. Die Verbandsverhältnisse der Gesteine des Nordteiles.

### I. Das Verhältnis Quarzdiorit zu Biotitgranit.

Mit der Westflanke grenzt die Tromm an den sog. „Hornblendegranit" der geologischen Karte, dessen kuppelartiges Umlaufen der Paralleltextur und das Anpassen nach NE vorstehend beschrieben wurde. Nördlich des Gumpener Kreuzes verschleiert die saiger ann. N—S ansetzende jüngere Mylonitisierung die genaueren Verhältnisse. Deutlich aber ist die Zunahme des porphyrartigen Charakters durch Kalifeldspate. Dieses Verhalten (im NE-Zipfel) entspricht genau dem Verhalten des „Hornblendegranites" am SW-Zipfel im Birkenauer Tal. An beiden Zipfeln verzahnt sich der Hornblendegranit Gh, als Gh$\pi$ ausgebildet, mit dem Biotitgranit G, der Schollen des Gh umschließt. Meist verraten sich (in dem mylonitisch beanspruchten Gebiet bei Gumpen) solche Schollen nur durch das Vorhandensein von rundlichen Blöcken auf den Feldern, die in gewissem Gegensatz zum kantigen Grus des Biotitgranites stehen. Das Gestein am Raupenstein und weiter nördlich gehört jedenfalls zum Gh des Weschnitzplutons. — Hier, in den kalifeldspatreichen Randpartien verdient er den Namen „Granit"noch, während das Gestein in den zentralen Teilen kalifeldspatfrei ist und als Quarzdiorit (Granodiorit) zu kennzeichnen ist.

Da nun, wie gesagt, die Verhältnisse am NE-Ende in bezug auf das Gh/G-Vorkommen denen von Birkenau (im SW) gleichen, die Birkenauer Aufschlüsse aber bessere Beobachtungen ermöglichen, sind nachstehend einige Details der typischen Verbandsverhältnisse im Birkenauer Tal wiedergegeben.

Im Birkenauer Tal ist es möglich, die Altersfolge Gh älter als G festzulegen, da eine Gh-Scholle im G herauspräpariert ist[1].

---

[1] Dem G kommt ein 6strahliger Kluftstern zu, vorherrschend ist 40 E/ saiger mit leichter Kippung nach beiden Seiten. Nach dieser Richtung geht gelegentlich die Flaserung und Schlierenbildung. Fast ebenso bedeutend ist ein N—S-System/saiger bis steil nach beiden Seiten. Klüfte E—W/saiger neigen sich aber nur zum Einfallen nach N.

Der Gh hat neben wenigen N—S-Klüften solche nach 75 E/saiger bzw. steil (zum Teil nach [18]).

Der Biotitgranit G ist ein mafitarmes, gern ins Rötliche spielendes quarzreiches Gestein, stets flaserig mit ei-artig gerundeten, etwas größeren Kalifeldspaten. Dadurch ist der porphyrartige Charakter des im ganzen grobkörnigen Gesteins nicht sehr ins Auge fallend. Der Granit zeigt durchweg Spuren tektonischer Beanspruchung[1].

Der Hornblendegranit hat nur die Farben schwarz-weiß, das Hornblende-Biotitverhältnis wechselt, Biotit überwiegt. Während der Biotitgranit als flasrig zu bezeichnen war, ist der Hornblendegranit massig bis schlierig mit turbulent verteilten Kalifeldspatgroßkristallen. Die Führung von mafitischen Putzen, die Ausbildung von Resorptionszonen aus Titanitfleckengesteinen und den allgemeinen Hornblendeanteil teilt dieses Gestein mit den im Pluton zentraler gelegenen Ausbildungen wie am Steigkopf und andernorts.

Beim Biotitgranit, der die Hornblendegranitscholle des Hardtschen Bruches (zwischen Station Weinheim-Tal und Fuchsmühle) einbettet, sind die mehr aplitisch ausgebildeten Partien fast rot. Eine je verschieden deutliche Striemung weist auf unterschiedliche Reaktion gegen Beanspruchung. — Ein biotitgranitischer Gang, der mit dem Nebengestein ohne Salband verschweißt ist, zeigt besonders starke „Flaserung"; die Intrusion der $G_2$-Komponente (s. weiter unten) fand zur Zeit intensiver tektonischer Einwirkung statt. Die Gefügeeinmessung der Quarze in den schmalen Zügen gibt einen ± deutlichen Gürtel, der nicht parallel der Gangbegrenzung läuft; der Biotitpol läuft hingegen symmetrisch zur Gangwand. (Die Erstarrung erfolgte unter Bewegungen; wo Bewegungsrichtung und Gangerstreckung nicht zusammenfallen, müssen Schiefgürtel auftreten.)

Während zur Rechten des Bruches der Granit vergrünt ansteht, erscheint zur Linken ein frisches Gestein aus Biotit, Plagioklas und wenig Quarz. Neben schlierig verrührten Stellen aus Biotitpaketen und mafitfreien Feldspatbändern (die nach und nach in normalen Granit übergehen) gibt es gleichmäßigere Produkte dieses *syntektischen* Vorganges vom Phänotyp eines quarzarmen, biotitreichen, richtungslos grob- bis mittelkörnigen syenitischen Gesteins. Der Quarzanteil von 4—10% ist bei einer bis zu 40% quarzführenden Umgebung als gering zu bezeichnen. Die Abb. 18 zeigt, daß die Neukristallisation statisch-blastisch erfolgte. Dies ist um so beachtenswerter, als der Granit, mit dem sich dieses Gestein ohne scharfe Grenze verschliert, flasergranitisch-blastomylonitisches Gefüge zeigt.

Bei dem syntektitischen Gestein[2] ist eine kalifeldspatärmere und eine kalifeldspatreichere Variante zu unterscheiden:

|  | (1) | (2) |  |
|---|---|---|---|
| Plagioklas . . | 72% | 68% | (30—35% An) zwillingslamelliert |
| Kalifeldspat . | 19% | 7% | Myrmekit gegen Plagioklas |
| Quarz . . . . | 4% | 10% |  |
| Mafit . . . . | 5% | 15% | Biotit; reichlich Apatit; Zirkon |

---

[1] Die gegenüber Mikroklin und Quarz älteren Plagioklase (25—27% An) sind serizitisiert und von Quarzstengeln durchlöchert. Bei vollkommen von Kalifeldspat umschlossenen Plagioklasen fehlen aber die Myrmekite, die Quarzstengelbildung ist also ein abtrennbarer Vorgang: Plagioklase neben Quarz und Kalifeldspat haben Myrmekitwarzen; Plagioklase jedoch, die durch Kalifeldspatumschließung vom Außengefüge isoliert werden, haben keine Kanäle, sind aber serizitisiert.

[2] Mischprodukte wie die hier genannten, finden sich — nur weit schlechter aufgeschlossen — östlich Gumpen. — Genetisch ungeklärt sind die bei

Mit Zunahme von Kalifeldspat nimmt Biotit ab, Serizitisierung schreitet von Nestern ausgehend fort. Der Kalifeldspat beginnt mit Filmen und antiperthitartigen Einlagerungen in (größeren) Plagioklasen, deren Anorthitgehalt bis auf 25 % herabgeht.

Weiter nach links im gleichen Bruch liegt die eingebettete Hornblendegranitscholle. An den erschlossenen Stellen des Kontaktes ist zumeist eine verruschelte, bis 1 m breite Zone zu sehen. Der Hornblendegranit unmittelbar an der Grenze ist reich an amphibolitisch- bis biotitschieferigem Material, während sich im Inneren des hausgroßen Einschlusses solches Material auf die einzelnen Putzen verteilt. Es konnte also sein, daß hier Hornblendegranit

Abb. 18. Syntexit. Syenodioritisches Neukristallisat in Biotitgranit; etwa 3 × 5 m groß aufgeschlossene Einlagerung mit verschliertem Übergang in den Granit. Zum Teil Lagentrennung hell—dunkel (Biotitpakete neben Feldspatlagen), zum Teil gleichkörnig-homophane Ausbildung wie in Abb.; xenoplastischer Verband von Feldspat, Biotit (dieser dunkel in Bildmitte) und wenig Quarz (helle Stellen im Bild). Birkenauer Tal. Vergr. 30 ×, gekr. Nikols.

resorbiert worden ist und bei der Einbettung die isolierten Putzen zusammengeschoben wurden. Stumpfe Apophysen in diese dunkle Randpartien vom Granit aus beobachtete bereits KLEMM. Die einsprenglingsartigen Kalifeldspate des Gh nehmen der Menge nach gegen die Schollenmitte eher ab als zu. Ein granitischer Gang in der Scholle umschließt Titanitfleckengestein. — Auf der Rückseite des oben beschriebenen Kontaktes konnte an ziemlich unzugänglicher Stelle beobachtet werden, wie beide Gesteine ohne merkliche Strukturänderungen durch eine millimeterbreite „Kontraktionskluft" voneinander geschieden sind: Die Resorption des Gh durch G ist also nur einseitig.

Älter als der granodioritische „Hornblendegranit" sind meladioritische Einlagerungen im Granit. Injektionserscheinungen in diesen Dioriten lassen sich gut am Steinbruch in der Schindkaut beobachten.

Die vorgenannten Verhältnisse, also: Scholleneinbettung Gh in G, flaserfreie Syntexite gebildet aus vollständig resorbierten Schollen

CHELIUS (Erläuterungen zu Blatt Brensbach) erwähnten Gesteine: „Tritt wie am Reichenberg bei Reichelsheim der Quarz sehr zuruck, so kann man solche ... (Gesteine) ... auch Syenite nennen" (S. 12).

inmitten körnelig geflasertem Granit (ein Beweis für die noch-
„magmatische" Natur der Flaserung!), schließlich Dioritschollen-
führung, gelten für die Grenze Hornblendegranit-Biotitgranit allgemein, insbesondere aber für die Auszipfelung am NE- und SW-
Ende des Plutons.

Im NE, vom Raupenstein beim Gumpener Kreuz nach Osten
zu gegen den Talschluß, wird der Hornblendegranit gestreckter
(Putzen ziehen N bis N 20 E) mit zum Teil mylonitisch zerrissenen
Kalifeldspaten. Gegen den geröllbedeckten Stotz kommt man in
den Biotitgranit; nach Norden absteigend erscheinen wieder relativ
massige, mafitreiche Hornblendegranite mit einschlußartigen dunklen Partien. Dann verschwindet als östlicher Grenznachbar der Biotitgranit und der quarzdioritische hier an den Grenzen aber kalifeld-
spatführende — Hornblendegranit grenzt an den Hornblendegneis.

### II. Das Verhältnis Quarzdiorit zum Hornblendegneis.

Klemm kartierte beide Gesteine als das gleiche („Gh"), er ist der Ansicht,
daß der östliche (von mir Gneis genannte) Anteil seine Paralleltextur durch
Aufnahme von Schieferanteilen er-
halten habe. — Näheres Zusehen
ergibt folgendes:

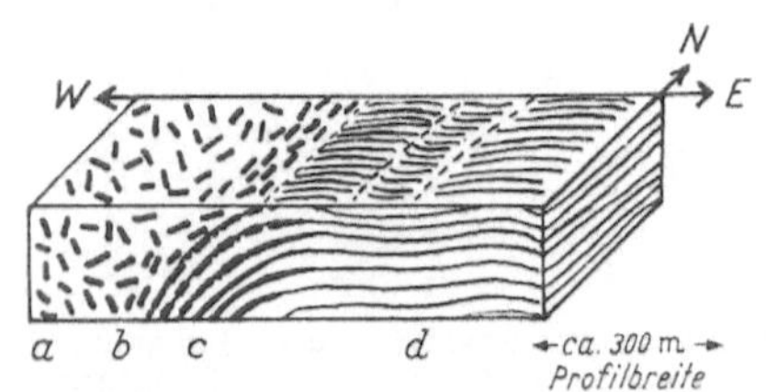


Abb. 19. Etwas schematisiertes Profil des
Überganges von Hornblendegranit in Hornblendegneis nördlich des Stotz (bei Ostern).

Wie das schematische Block-
diagramm der Abb. 19 zeigt, wird
der zunächst ann. massige Gh (a)
gegen die Grenze zu stärker paralleltexturiert (b), und zwar unter Anpassung an die in Klippen
anstehenden, gneisartig-parallel-
texturierten Gesteine (c), die bei einem N 20 E Streichen ann.
70 W fallen. Nach Osten zu gehen die Gesteine in eine flachwellige
Lage über (d). Innerhalb der Gesteine (d) steigert sich die Paralleltextur (Kalifeldspate deformativ geschwänzt) über eingeschaltete
Bewegungsbahnen bis zur horizontal-mylonitischen Plättung.

Das Profil ist aus den Klippen nördlich des Stotz zusammengestellt.
Hier ist anscheinend die einzige Stelle, an der man diese Verhältnisse im
Aufriß beobachten kann. Denn weiter nach Norden zu verläuft die meist
zugedeckte Grenzlinie zuerst hoch am Westhang des Runge, dann in der
zugedeckten Senke zwischen Dachsberg im Osten und Kloß- und Schmelzbuckel im Westen. Für die Senke nimmt Chelius eine Verwerfung ein;
eine solche ist möglich: Abrutschen an (c). Klemm bestreitet eine solche
Verwerfung im Hinblick auf seine Auffassung, daß (a) im wesentlichen das
gleiche ist wie (d). Klemm argumentiert [8] so:
    „Wenn man aus dem zusammenhängenden Hornblendegranitgebiet des
westlichen Odenwaldes nach Osten wandert, sieht man, daß die im Westen

oft weniger deutliche Streckung in östlicher Richtung immer stärker hervortritt, so z. B. in der Richtung von Groß- und Kleingumpen über den Klöß-
buckel oder den Dachsberg nach Unterostern.

Ganz allmählich geht aber auch mehrfach im westlichen Odenwald, so
z. B. zwischen Mackenheim, Vöckelsbach und Oberabtsteinach der massige
Hornblendegranit in ebenso deutlich flasrige, zum Teil einsprenglingsreiche
Abarten über, wie sie bei Erzbach, Rohrbach, Weschnitz anstehen und wie
sie in derselben Weise auch im südlichen Vorspessart bei Gailbach zu beobachten sind. Ebenso finden sich inmitten des massigen Hornblendegranites
manchmal stark flasrige Abarten wie bei Fürth und Linnenbach. Wir gehen
daher ... nicht fehl, wenn wir annehmen, daß die starke Streckung des
Hornblendegranites ... bei der Annäherung an die Zone der Böllsteiner
Schiefer durch reichliche Aufnahme ihrer Bruchstücke bewirkt worden ist."

Aus dem von mir beschriebenen Profil ergibt sich nun folgendes:

1. Streckungsanpassung ist vorhanden: Ausbildung (b). Was aber
als (d) ansteht, ist gar kein „Gh-Hornblendegranit, reich an Bruchstücken eines (assimilierten) Schiefers", sondern ein lagenweise
homogener Gneis.

2. Die Steigerung der (parakristallin-gneisartigen) Paralleltextur
bis zur (postkristallin-mylonitischen) Plättung hat nichts mit
„Streckung infolge Schieferaufnahme" zu tun: es handelt sich um
eine tektonische Formung, denen der Gh-Hornblendegranit des
Westens nicht ausgesetzt war.

3. (a) und (b) sind einschlußreich, (c) sehr mafitreich; in (d)
wechselt granitoider und dioritischer Modus. Es liegt zunächst
kein Grund dafür vor, (d) als einschlußreichen (a) aufzufassen.

4. Dort, wo die postkristalline (Fortführung der) Deformation
nicht stattfand, wie an dem zum Hornblendegneis gehörenden
Gestein des Klippenreichen Dachsberges (Streichen N 30 W, Einfallen 25 W), wird augengneisartiges Gewebe beobachtet, dem Re-
kristallisatgesteinen „im Forst", nicht aber der Struktur des magmatischen Gh vergleichbar.

5. Wie die Vergneisung zu verstehen ist, ob Gh des Westens
durch flache Auflage auf „Böllsteiner Schiefern" in das tektonische
Geschehen des Ostteiles einbezogen wurde, oder ob Gh-Granit und
Gh-Gneis — soweit überhaupt von gleichem Modus — auch abgesehen von der sie unterscheidenden Deformation genetisch verschieden sind, läßt sich endgültig erst im weiteren Verlaufe der Arbeit beantworten; für den Anteil in (d) von granitischem
Modus, sowie für extrem mafitreiche Gesteine gibt es jedenfalls
im Gh des Bergsträßer kein Äquivalent. —

Der weitere Verlauf der Grenze zwischen Gh-Gneis und Gh-
Granit nach Norden zu ist folgender: Am Schmelzbuckel, also dem

südlichen Hügel westlich der Grenze (a)—(d) ist der Hornblendegranit ziemlich paralleltexturiert flasrig (b) und mäßig porphyrartig. Die Flaserung zieht N 30 E, fällt 30—40 W ein. Nördlich davon aber, am Kloßbuckel, wird das Gestein grobkörniger, massiger, die Kalifeldspate erreichen Größen von 2 × 3 cm. Das ist der Punkt, wo der östlich davon auftretende Gneis (d) seine — mylonitisch verschleierte — nördliche Begrenzung hat.

Gegen Reichelsheim verliert sich die Paralleltextur vollständig. Auffällig sind die Anhäufungen von großen morphokraten Kalifeldspaten quer über die Grenze von Einschlüssen. — Nördlich Reichelsheim wird durch die steile (jüngere) Otzbergzonen-Mylonitisierung das Bild undeutlich, aber es scheint sicher, daß es sich auch hier um den mehr oder weniger kalifeldspatführenden Bergsträßer Gh, also (a), handelt. — Die Hauptverruschelung westlich des Reichelsheimer Schloßberges steht N—S, 40 nach E einfallend.

### III. Das Verhältnis Hornblendegneis zu Biotitgranit.

Der Gh der geologischen Karte von Klemm, also Hornblendegranit + Hornblendegneis umgreift den Biotitgranit der Tromm. Bei der Beschreibung der Verbandsverhältnisse ist also nun das Verhältnis Gh (Hornblendegneis) zu der Ostbegrenzung des G (Tromm-Biotitgranits) an der Reihe. Da sich aber hier eine ganze Serie von Gesteinen findet, die bislang noch nicht eigens ausgeschieden worden sind, muß der Verbandsbeschreibung eine physiographische Charakterisierung vorangehen.

Die Gesteine der von mir so genannten „Zwischenzone" setzen sich zusammen aus Anteilen, die früher teils zum Trommgranit, teils zu nicht näher definierten Myloniten, teils zu Hornfelseinlagerungen und restlich zum Gh (in der Auffassung als Hornblendegranit!) gestellt wurden.

*a) Physiographie der „Zwischenzone".*

Den Gesteinen der Zwischenzone ist gemeinsam eine augengneisartige, flach liegende Paralleltextur, die durch wellige Biotitlagen betont wird. Es liegen Gesteine sehr unterschiedlicher Modalbestände übereinander, wenigstens, was deren quantitativer Anteil angeht. Im ganzen sind die höheren Lagen saurer, granitoid, die tieferen Lagen dioritisch bis amphibolitisch. Da aber einerseits die granitoiden Lagen amphibolitische Einschlüsse enthalten, andererseits in den basischeren Lagen Kalifeldspat einsprenglingsartig auftritt, kann bei der Ungunst der Aufschlußverhältnisse nur eine allgemeine Gliederung gegeben werden. Ich halte es für möglich, daß die jetzige Aufeinanderfolge nicht der ursprünglichen Lagerung entspricht, sondern durch einen Zusammenschub entstanden ist. Folgendes Schema entspricht dem letzten Stand der Untersuchungen:

## α) Die „unteren Anteile".

Die ölgrauen, nach (010) und der Periklinrichtung eng verzwillingten Andesinaugen (40—45 % An) werden von hornblendedurchsetzten Biotitflasern wellig umflossen. — Unter dem Mikroskop

erweisen sich die Plagioklase deformiert, sie sind in größere gegenseitig verkantete Bruchstücke zerlegt, verschieden stark verglimmert, von erdigen Trübungen durchsetzt, von Karbonat durchzogen und am Rande granuliert. Die Lamellen zeigen durchweg Verbiegungen; wo Bruchstücke verbiegungsfrei abgeplätzt sind, ist die Verglimmerung geringer.

Abb. 20. Mylonitzone Leberbach. Zerdruckte Plagioklase zwischen rekristallisierten Quarz-Schmierzonen. Vergr. 15 ×, gekr. Nikols.

— Die Biotitleisten, die etwas Apatit, Epidot und Orthit beherbergen, fungieren als Gleitmedium für die mylonitische Überprägung: Von

der Kleinfältelung bis zu gröberen Wellen zeigt der Biotit alle Verbiegungen, trotzdem fehlt vielfach Chlorit völlig. Chloritisiert sind meist nur Einlagerungen im Plagioklas, und zwar dort, wo Scherfugen durchsetzen. — An der Art der Biotitstauchung läßt sich für die Plagioklase nur ein kleiner Drehungsbetrag ablesen. Andererseits weist die Art der Quarzkristallisation auf bedeutende Belastungen: der

Abb. 21. Mylonitzone Leberbach. Der in einem Biotit-Schmierhorizont befindliche Plagioklas (hell ohne Signatur) ist zerbrochen und verdreht. Biotit hat sich in die Fuge hineingestülpt. Quarz in Schwänzen zwischen dem Biotit. Keine Chloritisierung. Hornblendegranit der geologischen Karte. Vergr. etwa 25 ×.

Quarz ist nicht nur kataklastisch zerbrochen, sondern in den Suturen der Quarzaggregate (die sich horizontweise parallel der PT einschalten) rekristallisiert, an anderen Stellen mobil geworden und in die Zerrfugen der zerdrückten Plagioklase eingedrungen. Dort ist er schließlich wieder undulös geworden. Auch die außerhalb der Plagioklasfugen S-förmig gewundenen Quarze halte ich für mylonitisch mobilisierte, in gewundenen Zügen als Einkristall ausgeschiedene und noch einmal leicht undulierte Individuen (Abb. 20, 21).

Zu fragen bleibt, welches die prämylonitische Struktur war. Nun sind von der Mylonitisierung verschonte Stellen gefunden worden. Sie zeigen kristalloblastisches Gefüge: ein grobkörniges Hornblende-Biotit-Plagioklaspflaster (mit Quarzeinschlüssen im Plagioklas) überwiegt. Auch in diesen Gesteinen findet sich ein Anteil von Mikroklin. Die bestäubten, durch die Mylonitisierung zerbrochenen Kristalle können von mobilisierten, die Plagioklase myrmekitisch anfressenden Kalifeldspatfilmen unterschieden werden. Größere klare, xenoblastische Kalifeldspate bilden Karlsbader Zwillinge. Für die Frage nach dem Edukt dieses Metamorphites ist erstens wichtig, daß das Hornblende-Biotitverhältnis stärker schwankt als für Orthogesteine anzunehmen ist. Zweitens verdient Beachtung, daß in mafitreichen Partien rundliche bis linsige, von Biotit und Hornblende gesäumte Feldspataggregate auftreten, die als Gerölle deutbar sind. Drittens aber findet sich zwischen Hammelbach und Brombach (zwischen dem Brombach und dem Eselstein) zwar nirgends anstehend, aber doch auf einer gewissen Linie in Bruchstücken verfolgbar, ein schieferiges Gestein: es fällt im Gelände durch splitterigen ebenflächigen Bruch auf, besteht aus Hornblende, Biotit und einem Plagioklasanteil (35% An), ist quarzarm und führt Kalifeldspat nur in Warzen und Quarzaggregaten.

β) Die „oberen Anteile".

Gegen das Hangende wird der intermediäre Gneis saurer, der Kalifeldspatanteil überschreitet 30%; die Mylonitisierung wird stärker, die Bewegungsbahnen länger. Der Phänotyp wechselt vom flasrig-geschwänzten zum streifig-plattigen, die graugelbe Farbe geht ins Rötliche. Inwieweit horizontweise sekundäre Nachbarschaften (Verschuppung) entstanden sind, läßt sich nicht sagen.

Abscherungen an Großkristallen, Mikroklinen mit zum Teil älteren Myrmekitwarzen, und Wälzungen verändern die alten Kristallumrisse und schaffen unter dem Mikroskop eine brekziöse Grundmasse mit gerundeten Feldspaten und intergranularen Verheilungen, wie es Abb. 22 zeigt. Mafite treten zurück, die Verteilung hell-dunkel ist sehr inhomogen. Züge von dunklem Glimmer sind in trübe, eisenoxydische Aggregate umgewandelt; Chloritisierung ist im allgemeinen nicht bedeutend und örtlich begrenzt. Quarz (reichlich wie in Graniten) bildet kanalartig anhaltende Züge.

Ich nehme an, daß die vorliegende Sonderung in helle und mafitische Lagen bereits im vormylonitischen Zustand vorhanden war und durch die Mylonitisierung nur verstärkt wurde.

Die Feldspate sind nicht so stark verglimmert wie in den basischeren Gneisen. Es überwiegt rupturelle Beanspruchung, das

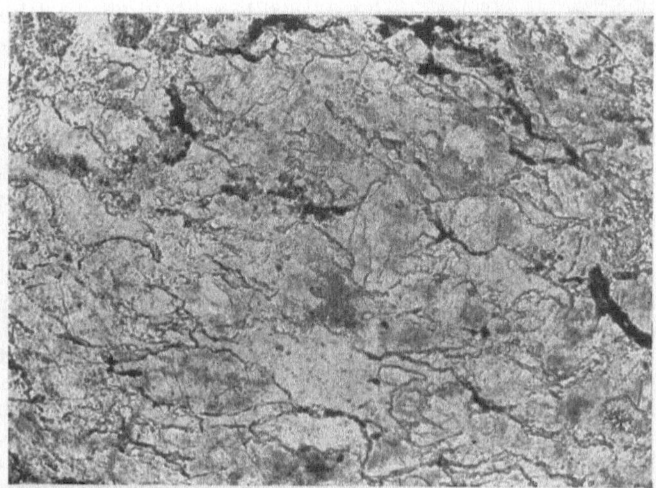

Abb. 22. Granitmylonit vom Osthang des Stotz. Tubus leicht gesenkt. — Vergr. 28 ×.

Niveau wird seichter, Albitisierungserscheinungen längs Plagioklasspaltrissen werden beobachtet. Verbogene Lamellen fehlen. Der Anorthitgehalt der Plagioklase sinkt mit steigendem Kalifeldspatanteil. In dem vorweg behandelten Gneisen schwankte er

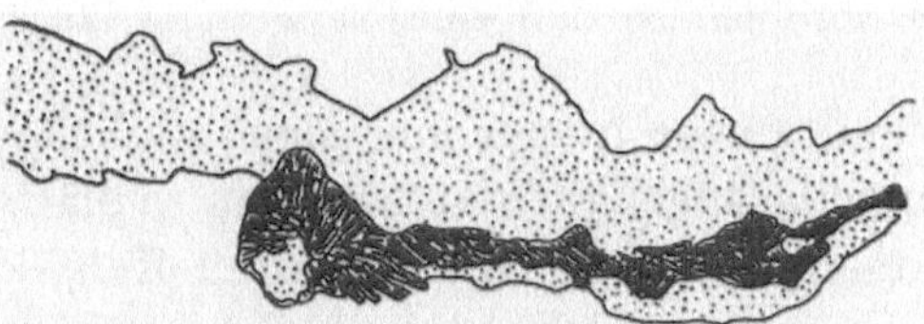

Abb. 23. Aus Mylonit bei Leberbach, oberhalb der Straße. Vergr. 8 ×. Granat, von einer Quarzgleitbahn (punktiert) erfaßt, wird zerwalzt. Bildebene: $yz$; der Granat ist also einseitig in $y$ geschwänzt. Das Füllsel zwischen den Bruchstücken der Schwanzglieder besteht aus Biotit (und etwas Chlorit).

zwischen 45 und 35%, hier finden sich Werte von 25—20%. Wie Fedorowmessungen ergaben, zeigt aber auch in diesen mikroklinreichen Gesteinen der Hauptteil der Plagioklase einen Anorthitgehalt nahe 30%.

Zu vermerken ist das gelegentliche Auftreten von zerwalzten, isotropen, unter dem Mikroskop farblosen Granaten. Abb. 23 zeigt die $yz$-Ebene; links der Kopf des Granates. Die Granate sind dort stärker ausgewalzt, wo sie in Quarzgleitbahnen hineingerieten. Abseits solcher Gleitbahnen bleiben die Körner isometrischer, bzw. sie werden nach Zerdrückung nicht breitgewalzt. Die Beobachtung, daß die Schwänzung nach der $y$-Stengelung einseitig und nicht symmetrisch zu $xz$ erfolgt, weist darauf hin, daß die Angabe *eines* Koordinatensystems die tatsächlichen Verhältnisse stark vereinfacht.

### $\gamma$) Der Hauptvertreter der Serie: Hornblendegneis.

Die Mannigfaltigkeit der beschriebenen Typen ist nur auf einem kleinen Gebiet, nämlich dem Weschnitzdurchbruch, zu beobachten. Es ist der Teil, der auf der petrographischen Übersichtskarte der Tromm mit der Signatur für „alte Mylonite" versehen ist. Über dieses begrenzte Gebiet nach Norden und Süden hinaus aber steht der Hornblendegneis an, den wir bereits von der Beschreibung des Verbandes Hornblendegranit/Hornblendegneis kennen. Er ist das wichtigste Glied der Serie (wie später noch darzulegen ist, vermutlich die stehengebliebene Schwelle bei der mylonitischen Verschuppung) und verdient daher einer zusammenfassenden gesonderten Beschreibung. Es sind natürlich alles Eigenschaften, die bereits bei der Gesamtbeschreibung der Serie zu nennen waren.

Eine solche vorangestellte Übersicht schien mir aber deswegen zweckmäßig, weil ich nicht sagen kann, ob nicht durch Teilmobilisierungen von Kalifeldspat und Quarz Substanzwanderungen quer zur flachen Lagerung erfolgt sind. Die Abgrenzung eines je eigenen Modus für die einzelnen Abarten wird dadurch verhindert.

Ich bin mir auch nicht sicher, ob auf dem Berghang links der Weschnitz bei Leberbach nicht auch granitoide Lagen unter dem Hornblendegneis anstehen. Die Ungunst der Aufschlüsse, die mylonitische Zerrüttung und die wellige Lage des Hornblendegneises verhindert die Entscheidung der relativen Lage. — Im ganzen liegen südlich der Weschnitz die Hornblendegneise höher als nördlich, so daß eine Verwerfung längs der Weschnitz möglich ist.

Die Hornblendegneise haben ihre eigentümliche Stellung zwischen den Plagioklasaugengneisen und den geplätteten Graniten dadurch, daß durch den einsprenglinghaften Kalifeldspat in sonst intermediärem Gefüge ein nicht in die übliche Differenziationsreihe hineinpassendes Gestein entsteht.

Das Gefüge der kristalloblastischen, mafitamöbenbestreuten Plagioklase ist in vielen Teilen noch intakt, die Quarze in manchen Schliffen nicht undulöser als im übrigen Odenwald auch; nichtundulöse Quarze gehören im Odenwald zu den Seltenheiten. — Die mechanische Beanspruchung der Plagioklase ist dabei nicht bedeutend bzw. nicht abrupt gewesen.

Der braune Biotit ordnet sich zu Zöpfen mit Magnetit und Eisenoxydleisten; etwas Chlorit; große Apatite (Basisdurchmesser

bis zu 1 mm), Epidot mit Orthitkernen, Titanite; einzelne Zirkone
von Hämatitflittern umsäumt und mit Apatiteinschlüssen. — Der
grobleistige Amphibol ist netzartig von Karbonat durchzogen:
fleckig über die Individuen verteilte, aber unter sich gleich aus-
löschende Einlagerungen des Karbonates zerstückeln die Hornblende. Manche Stellen lassen die Annahme zu, daß die (grüne)
Hornblende von vornoherein fleckig war: farblose Stellen gehörten
zu einem Ca-reicheren Amphibol. Einige völlig karbonatisierte,
erzgefüllte (bzw. mit lamelliert angeordnetem Erz durchzogene)
Flecke lassen sich als pilitische
Pseudomorphosen deuten, sie
sind von Hornblende umwachsen, diese ist hierbei gelegentlich
bläulich spießig. Klemm fand
im Nordteil des „Gh" (seiner Kartierung) noch intakte
Pyroxene.

Was im Handstück als ein-
sprenglingsartiger geschwänz-
ter Kalifeldspat hervortritt, ist,
wie Abb. 24 zeigt, nicht mylonitisch zerrissen, sondern fügt
sich in die intakte, kristallo-
blastische Verpflasterung ein[1].

Abb. 24. Pramylonitisch geschwanzte, gneisartig mit den ubrigen Mineralkomponenten
verfugte Kalifeldspate des sog. Hornblendegranites von Hammelbach. Mafite schwarz,
Quarz punktiert, Kalifeldspat gestrichelt.
Vergr. 4 ×.

Demnach ist die Kalifeldspat-Schwänzung älter als die Mylonitisierung. Die Ausbildung eines flach liegenden Schiefer-s ist
also früh- oder prävaristisch, wenn man die flache Mylonitisierung
(wie noch darzulegen) zur Zeit oder kurz nach der Letztvergneisung
des Böllsteiner Massivs, d. h. zugleich mit der Intrusion des Biotitgranites G samt seinen Nachschüben aplitischer Natur (G₂) ansetzt.
Man muß also den Hornblendegneis gleichstellen den metamorphen

---

[1] Die „echte" Mylonitisierung erzeugt nämlich keine breiten Schwänze
hinter dem zerdrückten Großkristall, sondern perlschnurartigen Mörtel.
Wir haben also zwei verschiedenalterige Vorgänge, die man im Dünnschliff
unterscheiden kann. Nur im Nordteil des Hornblendegneises wird die Unterscheidung schwierig, da man dort anscheinend zwischen einer mesozonalen
Vergneisung und einer seichten Mylonitisierung Übergänge hat. — Da (abgesehen vom Quarz) die Nachbargesteine des Gh in bezug auf ihre Mylonitisierung überwiegend kataklastisch struiert sind, kann die intakte Verpflasterung des schwanzförmigen Kalifeldspates *nicht* auf eine postmyloni-
tische Erholung zurückgeführt werden.

Altbeständen des Odenwaldes, wenigstens was seine Rahmenstellung in bezug auf die Intrusiva angeht.

Die Frage nach der Herkunft dieses Gneises wurde schon bei ($\alpha$), S. 54 besprochen. Der Mafitreichtum spricht nicht für ein Orthogestein. Es käme höchstens ein Diorit in Frage (Anorthitgehalt der Plagioklase um 45%). Der Kalifeldspatgehalt spricht wiederum nicht für einen Diorit. Im Zusammenhang mit der Behandlung von metamorphen Gesteinen des Schollenagglomerates, die durch Kalifeldspatzuführung einen ähnlichen Phänotyp erhielten, soll die Frage nach dem Edukt noch einmal aufgegriffen werden.

Außer den gneisartig verfugten Kalifeldspaten finden sich schließlich noch Kalifeldspatxenoblasten mit Myrmekitwarzen gegen die Plagioklasumgebung. Hier ist die Bildungsperiode noch nicht eindeutig festlegbar gewesen. Ich halte es, wie schon erwähnt, für möglich, daß zur Zeit der Mylonitisierung Kalifeldspatneusprossungen stattgefunden haben. Metasomatische Vorgänge dieser Art sind ja nichts außergewöhnliches. Für eine Zufuhr sprechen, abgesehen von der xenoblastischen, korrodierenden Einschaltung in das Gefüge und abgesehen von dem ungewöhnlichen Verhältnis der Mafite zum Kalifeldspat, die ungleichmäßige Verteilung der Kalifeldspate innerhalb des Gesteins und die Nähe des Granites, der auch sonst (im Schollenagglomerat) Kalifeldspat durch Imbibition an das Nebengestein abgegeben hat. Östlich des Stotz tritt (wie im Schollenagglomerat) stellenweise Quarz so weit zurück, daß sich eine „syenitische" Mineralkombination KF + Ho + Plag einstellt.

### $\delta$) Zusammenfassung.

Versucht man, sich an Hand des Dünnschliffmaterials ein quantitatives Bild zu machen, so kommt man wegen der Inhomogenität der zum Teil grobkörnigen Gesteine bei der Integration in Verlegenheit. Es ist nicht einmal möglich, durch Integration aller Schliffe einen Durchschnittswert zu ermitteln. — Ich habe daher außer durch Integration einiger weniger brauchbarer Schliffe mir dadurch einen quantitativen Überblick verschafft, daß ich die Bruchflächen der Handstücke unter einer Mattscheibe auszuplanimetrieren versuchte. Das Mittel dieser rohen Werte ist jeweils in der nachstehenden Tabelle 1 mit angeführt; es wurden natürlich jeweils mehrere Handstücke eines Types auf die genannte Weise untersucht.

Es ergibt sich auf diese Weise folgendes: Die Gesteine der „Zwischenzone" sind splitterig brechende Biotit-Plagioklasschiefer, flasrige Hornblende-Biotit-Plagioklasgneise und flasrige bis mylonitisch geplättete Granite. Die Paralleltextur der Gneise liegt flach, die Plättung fährt dieser PT nach. Scharfe Grenzen sind nicht

Tabelle 1. *Gesteine der Zwischenzone.*

*Variation der modalen Verhältnisse.*

(1) (1 a) (2) (3) (4) sind Schliffintegrationen. (I, II) (III) (IV) sind Schätzungen an Handstücken mittels Lupe und Mattscheibe (s. im Text).

| | (1) | (1 a) | (2) | (I, II) | (3) | (III) | (4) | (IV) |
|---|---|---|---|---|---|---|---|---|
| Plagioklas . . | 51 | 41 | 38 | (35—50) | 25 | (20—30) | 28 | (20—30) |
| Kalifeldspat . | 7 | 5 | 12 | (0—20) | 40 | (20—50) | 47 | (40—55) |
| Quarz . . . . | 16 | 12 | 8 | (5—20) | 6 | (5—10) | 23 | (20—30) |
| Biotit . . . . | | | 12 ⎱ | | 11 | | 2 ⎱ | |
| | 26 | 42 | ⎰ | (25—60) | | (25—35) | ⎰ | (0—10) |
| Hornblende . | | | 30 ⎰ | | 18 | | — ⎰ | |

(1) Plagioklasflasergneis mit Gleichkörnigkeit der Plagioklasaugen. Höhe dieser Augen (Durchmesser in Richtung $z$) etwa 0,3 mm; schmale mylonitische Gleitbahnen in $s$. Plagioklase, etwas verglimmert, 35—38 % An. Hornblende : Biotit etwa 1 : 1.

(1 a) Dunkle Partie innerhalb (1).

(2) Hornblendegneis im eigentlichen Sinne, flasrig (wie 1) bis „gestreckt", mit einzelnen einsprenglingsartigen Mikroklinen bis 3 cm Länge. Plagioklase verglimmert, 35—40 % An. Titanit und (reichlich) Apatit ist beim Biotit verrechnet.

(I, II) Am Handstück geschätzter Anteil für (1) und (2).

(3) Mikroklinreiche Partie aus mafitreichem Hornblendegneis. Der Kalifeldspat ist in die augige Flaserung einbezogen bzw. in mafitfreien Schlieren angereichert. Plagioklas, wenig serizitisiert, 32—38 % An. — Akzessorien reichlich in Biotit.

(III) Am Handstück geschätzter Anteil für (3).

(4) Granitmylonit mit horizontaler Plättung. Rötliches Gestein mit Lagentrennung. Plagioklase fleckig serizitisiert, 22—27 % An. Mikrokline stark gegittert.

Das Gestein steht im Verband mafitreichen schieferigen, mylonitisch überprägten Lagen.

Die Verteilung der Mineralien auf mikrobrekziöse Grundmasse bzw. reliktische (größere) Kristalle ergibt sich aus folgender Tabelle:

| Grundmasse + erhaltene Kristalle | | | ergibt zusammen |
|---|---|---|---|
| | in hellen | in biotitreichen Lagen | |
| 26 | 21 | | 47 % Kalifeldspat |
| 20 | | 3 | 23 % Quarz |
| 17 | | 11 | 28 % Plagioklas |
| 2 | | (2) | 2 % Biotit |
| 65 % + | | 35 % | 100 % |

(IV) Am Handstück geschätzter Anteil für (4).

ziehbar, vorhandene durch die Mylonitisierung verwischt. Außerdem können durch Verschuppung ungleichartige Gesteine in Nachbarschaft gebracht worden sein. — Eine Gliederung konnte daher nur so durchgeführt werden, daß zunächst die mehr schieferigen und gneisartigen Elemente, dann die mehr mylonitischen Elemente beschrieben wurden. Der Hornblendegneis liegt innerhalb dieser Variationsbreite als der Hauptvertreter und als das Gestein, was allein vorhanden ist, wenn die anderen Glieder ausfallen.

### b) Verbandssynthese und Ost-Westprofil.

Durch die eben getroffene Unterscheidung eines „unteren" und „oberen" Anteils in der Zwischenzone ist die relative Lage bereits angegeben. Die Aufschlüsse im Gelände bestätigen, daß die mylonitischen, flach liegenden Gesteine jeweils über dem Hornblendegneis liegen. Da der Hornblendegneis über die Mylonite nach Norden und Süden hinausragt, also nur im mittleren Teil von den anderen Gesteinen der Zwischenzone zugedeckt ist[1], muß er als die Basis, als die stehengebliebene Schwelle der mylonitischen Überfahrung verstanden werden. — Zu fragen bleibt, 1. welche Schubrichtung die mylonitische Walze hatte und 2. wie der Verband der Zwischenzonengesteine (insgesamt) mit dem Biotitgranit ist.

---

[1] Die Zudeckung durch die straff paralleltextierten Gesteine ist besonders östlich des Stotz gut erschlossen; der Stotzgipfel selbst besteht aber aus indifferentem Biotitgranit, durchsetzt von saigeren Mylonitruscheln.

Vom Eselstein bis Hammelbach liegt der Hornblendegneis frei und steht in klippenreichen Hängen an. Nach Osten zu grenzt er mit einer Verwerfung an Buntsandstein.

Hier, südlich des Weschnitzdurchbruches, läßt sich gelegentlich schon im Gelände die Verformungsrichtung an Verschmierungshöfen hinter dem Kalifeldspat festlegen.

Steigt man vom Hornblendegneis bzw. den Gesteinen, die ihn zudecken (etwa vom Stotz), nach Osten ab, so kommt man in die Erzbacher „Scholle". Es erscheinen indifferente, zum Teil mylonitisch beanspruchte Granittypen, meist helle aplitische Gesteine zwischen Granatglimmerschiefern und entsprechenden metamorphen Gesteinen. Das dem Langenbrombacher „jüngeren Granit" ähnelnde Gestein am Stickelberg zieht zusammen mit den Schiefern N 30 E und fällt 20 E ein. SE davon, am roten Berg, tritt porphyrartiger Hornblendegranit mit nur zum Teil geschwänzten Kalifeldspaten auf. Diese Verhältnisse halten an bis zum Buntsandstein bei Rohrbach.

Die „kontaktmetamorphen Schiefergesteine" (Klemm) im Ostertal zwischen dem aplitischen, $G_2$-artigen, paralleltextierten Granit sind heute schlechter aufgeschlossen als zur Zeit der Klemmschen Kartierung; schon Klemm mußte sich mit Vermutungen über den tektonischen Verband begnügen. Hornfelsartige Biotit-Plagioklasschiefer, Granatglimmerschiefer, gelegentlich mit Sillimanitnädelchen, treten auf. Klemm spricht auch von Schollen westlich Erzbach im Granit, die Gh-Gesteine sein sollen. Es handelt sich um Hornblendegneise. Ganz die gleichen Gesteine kartiert er aber auch als Amphibolite ($SiO_2$ 60—63 %). — Klemm beschreibt Übergänge von quarzarmen Plagioklas-Hornblende-(Biotit)-Gesteinen (mit Titanitgehalt) zu quarzreichen Plagioklas-Biotitschiefern.

An der Grenze Hornblendegranit/Hornblendegneis hatten wir (vgl. das Profil auf S. 52) beobachtet, daß bei (c) der sonst wellig-horizontal anstehende Hornblendegneis nach Westen abkippt. Ein solches Abkippen kann auch am Weschnitzdurchbruch beobachtet werden. Hier ist das westlich anstehende Gestein freilich nicht der Hornblendegranit, sondern der aufliegende rötliche Flasergneis der Zwischenzone „oberer Anteil".

Folgendes Profil wird rechts der Weschnitz oberhalb der Straße beobachtet: Rechter Hand, also östlich, liegt der Hornblendegneis, stellenweise aufgeschlossen. Dann erfolgt ein Abkippen; das westlich sich anschließende Gestein ist zur Unkenntlichkeit verwittert. Noch weiter westlich erscheint der rötliche Flasergneis völlig flach liegend. Es kann nicht gesagt werden, ob der Flasergneis das Abkippen des Hornblendegneises mitmacht, oder ob eine Verwerfung vorliegt; jedenfalls aber ist der rötliche Flasergneis mit den oberhalb des Hornblendegneises liegenden Gesteinen zu verbinden. Dieser rötliche Flasergneis verzahnt sich nun weiter westlich mit Trommgranit; gerade dort, wo die Kontakte zu suchen wären, hat eine vertikal N—S ziehende Mylonitisierung die Gesteine zur Unkenntlichkeit zerrieben. Immerhin geben einige Stellen links der Weschnitz (gegen Brombach) klar zu erkennen, daß es sich um einen Assimilationskontakt handelt.

Der ganze Anteil des rötlichen Flasergneises, vom Hornblende-gneis im Osten bis zu den saigeren Mylonitzonen im Westen wurde bislang als „mylonitischer Biotitgranit (Trommgranit)" ausgeschieden. Dies ist eine Verkennung der Sachlage: die ältere flach ansetzende Mylonitisierung der Gesteine der Zwischenzone ist zu unterscheiden von einer späteren steil ansetzenden Mylonitisierung. Die erstere fährt der Paralleltextur der Gneise nach und schafft im Extremfalle geplättete Typen, die andere, steile, jüngere der Otz-bergstörung erfaßt hauptsächlich den Granit und schafft ver-ruschelte Kataklasite.

Klemm hatte folgende Auffassung (Kontroverse gegen v. Bubnoff): „Ich kann eine scharfe Grenze zwischen Bollsteiner und Bergsträßer Oden-wald nicht finden. Besonders deutlich wird der enge Zusammenhang beider Gebiete . . . in der Weschnitzschlucht, . . . die den Trommrücken durch-schnitten hat. Der im Westen anstehende Trommgranit, der zweifellos zum Bergsträßer Gebiet gehört, geht ganz allmählich nach Osten zu in eine Mischgesteinszone über, in der dunkle, sehr flach, oft fast schwebend gelagerte Schieferhornfelse von ihm injiziert werden. Chelius hat auf Blatt Lindenfels diese Mischgesteinszone, die in der Tat ganz vom Typus der ‚Böllsteiner' Gesteine ist, als älteren Böllsteiner porphyrartigen Granit mit Schiefer- und Amphibolitschollen kartiert und ihre Abgrenzung gegen den Trommgranit vorwiegend durch Verwerfungslinien eingetragen . . . Aber das Fehlen einer scharfen Grenze ist richtig. Es stellen sich im Trommgranit zuerst vereinzelte Schieferschollen ein, während der sonst ganz massige Granit deutlich Streckung annimmt, und diese Erscheinungen nehmen sehr rasch an Starke zu, bis Mischgesteine von sehr wechselvoller Ausbildung entstehen, wie man sie auf der Bollsteiner Höhe (Bockenrod, Kirchbeerfurth) sehen kann. Nach Osten zu geht dieses Gestein allmählich in stark flasrigen, einsprenglingsreichen, dunklen schieferreichen Hornblendegranit über. Es herrscht also hier unbedingt Primärkontakt" [8].

Wir überblicken jetzt die Verhältnisse: KLEMM hatte richtig beobachtet, daß sich zwischen Hornblendegneis (seinem „Hornblendegranit") und Trommgranit eine Zone einschiebt, die er als „Mischzone" beschreibt. Er hat auch richtig beobachtet, daß die Glieder dieser Mischzone „vom Typus des Böllsteiner" sind. Da er aber den Hornblendegneis für ein magmatisches Gestein, eben seinen Hornblendegranit hält, somit also die „Mischzone" beidseitig von Magmatiten umgrenzt wäre, gewinnt er nicht das richtige Verhältnis zu den Gesteinen der Zwischenzone. Nachdem aber nun der Hornblendegneis als Metamorphit erkannt ist und nachdem eine Verbindung der rötlichen Flasergneise über den Hornblendegneis hinweg bis zu den geplätteten Gesteinen NE des Stotz festgestellt worden ist, besteht Grund dafür, die Gesteine der Zwischenzone insgesamt nicht nur als „vom Typus des Böllsteiner" zu beschreiben, sondern sich auch genetisch zum Böllsteiner Odenwald zu stellen.

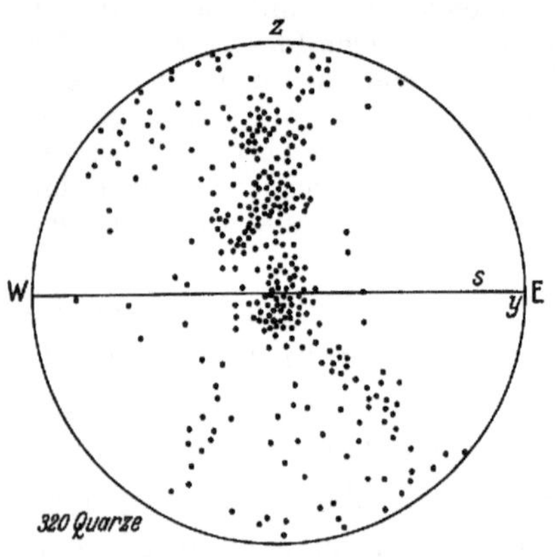



D IX. Quarzdiagramm eines saiger entnommenen Schliffes (W—E) vom Flasergneis bei Leberbach (Weschnitzdurchbruch).

Eine Quarzgefügemessung an einem Flasergneis bei Leberbach ergab einen $xz$-Gürtel mit einem Hauptmaximum in $x$, der genau den $xz$-Gürteln der Böllsteiner Gneise entspricht: $x$ N—S, $y$ W—E. Vergleicht man makroskopisch den „$G_2$" von Langenbrombach in der Böllsteiner Kuppel mit einem der geplätteten granitischen Gesteine östlich des Stotz, so erkennt man eine auffällige Ähnlichkeit im Wechsel der hellen und dunklen Lagen und im Gesamtbild. Unter Berücksichtigung der Symmetriegleichheit beider Gesteine möchte ich daher das Gestein am Stotz als einen mylonitisch überfahrenen Böllsteiner Gneis deuten. Demnach ist also der „Böllsteiner" weiterreichend als man bisher annahm[1]. Der autochthone

---

[1] KLEMM hatte das bereits erkannt, aber da er (in der Kontroverse gegen v. BUBNOFF) einen besonderen „Böllsteiner Odenwald" überhaupt ablehnt, sah er schließlich überhaupt keine Grenzen mehr. Er schreibt [12]: „Weiter

Hornblendegneis verlegt die Südgrenze zunächst bis Hammelbach[1], die flach liegenden geplätteten Böllsteiner Granitgneise dürften weitgehend abgetragen worden sein; ihre Grenze ist nicht mehr angebbar.

Nun hat ja schon längst die alpine Tektonik die Bedeutung von Myloniten als Überschiebungsbasen dargelegt [70]. — HERITSCH [48] schreibt

Abb. 25. Böllsteiner Granitgneise (¹/₂ der Natur). Rechts vom Steinkopf bei Langenbrombach, links östlich des Stotz bei Ostern. Es handelt sich um die gleiche Gesteinsart: rechts ohne und links mit Mylonitisierung. (Beiden fehlt der *helle* Glimmer, wie überhaupt die Muskovitführung keineswegs im Böllsteiner allgemein verbreitet ist.)

südlich kann man bei Rohrbach auf Blatt Erbach den Kontakt zwischen dem dort Augit enthaltenen Gh und dem Schiefer direkt beobachten, ebenso auf dem westlichen Gehänge des Osterbaches zwischen dem Stotz und Oberostern. Man kann sich hier leicht überzeugen, daß die Böllsteiner Kuppel beträchtlich über das Ostertal nach Westen zu übergreift und daß hier eine scharfe Grenze zwischen dem normalen Gh und der flasrigen Abart desselben durchaus nicht festzustellen ist. Die Verwerfung, die ungefähr längs des Ostertales verläuft und weiter nördlich nach Reichelsheim sich mehr nach NW richtet, hat nördlich vom Dorfe Weschnitz anscheinend nur unbeträchtliche horizontale Verschiebungen bewirkt und erst im Süden von Weschnitz eine starke Absenkung des östlichen Flügels . . . Jedenfalls ist meiner Überzeugung nach hier nirgends eine Grenze der Böllsteiner Kuppel gegen Süden und Westen angedeutet.'' (KLEMMS Schlußfolgerung: es gäbe keine besondere Böllsteiner Kuppel.)

[1] CHELIUS gibt hier den Gneis genauer als KLEMM an. Im Gestrüpp oberhalb der Straße bei Leberbach steht der Gneis mehrere 100 m in welligen Zügen an (Einfallen: 0—40 nach W und E). Über die unrichtige Eintragung des CHELIUS südlich von Hammelbach s. S. 104.

(S. 60): „Granitmylonite haben ein besonderes Interesse. Vielfach handelt es sich um zerpreßte Schollen des ehemalig kristallinen Untergrundes und in dieser Hinsicht schreibt ihnen die Deckentheorie regionalen Wert zu." In unserem Falle würde das bedeuten, daß wir eine (zum Teil schon abgetragene) Schuppe aus Böllsteiner Granitgneisen über Böllsteiner Hornblendegneisen vor uns hätten. Möglicherweise beruht die größere Texturgleichheit des jüngsten Gliedes der granitischen Intrusion ($G_2$) in Bergsträßer und Böllsteiner Odenwald darauf, daß zu dieser Zeit eine übergreifende tektonische Bewegung stattfand, deren letzte zusammenhängende Produkte sich noch im Böllsteiner Odenwald erhalten haben.

Denn wenn man, im Vorspessart angefangen, bis nach Hammelbach bzw. Aschbach eine Trennungslinie zwischen Gneisen und nichtmetamorphen Gesteinen zieht, so verläuft diese ziemlich gradlinig NNE—SSW: es wäre die Frontlinie des tektonischen Übergriffs in der jetzt aufgeschlossenen Horizontalebene.

Ehe wir das E-W-Profil komplettieren, muß noch das Verhältnis der steilen ann. N—S streichenden Otzbergzonenmylonitisierung zu der beschriebenen flach liegenden (älteren) Mylonitisierung der Zwischenzone besprochen werden.

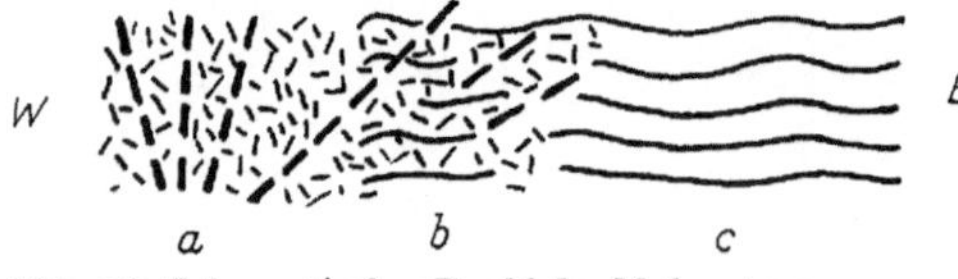


Abb. 26. Schematisches Profil der Mylonitisierung „in der Klemm" (Weschnitzdurchbruch bei Brombach); Profilbreite etwa 1 km. Erläuterungen s. im Text.

Im Westen steht porphyrartiger Biotitgranit an (Erzberg, Brombach); einzelne mylonitische Ruscheln durchziehen ihn. „In der Klemm" bei Brombach sind Ruschelzonen erschlossen, Gesteinslinsen von Faustgröße sind noch intakt [(a) der Abb. 26]. Nach Osten zu winden sich die Gleitzonen S-förmig zu immer flacheren Wellen. Schließlich ist das ganze Gestein vollkommen grau, ohne Relikte und Details [bei (b)]. Bei (c) werden unter der Kataklase die flach liegenden Flasergneise erkenntlich. Die vollkommene Zermahlung bei (b) führe ich darauf zurück, daß hier die Otzbergzonenkataklase bereits mylonitisch beanspruchte Gesteine diagonal trifft: Im Durchkreuzungsgebiet (b), wo sich also beide Kataklasen überlagern, sind die am meisten zermahlenen Gesteine zu erwarten. Solche Mylonite sind in der Otzbergzone vielfach mit Hornfelseinschlüssen verwechselt worden. Insofern wir bei (c) sind, ist es hinwiederum unrichtig, „von nichts anderem als vollkommen zermahlenem Trommgranit" [62] zu sprechen, wo doch bereits CHELIUS (Erläuterungen zu Blatt Lindenfels) von „gefalteten und gewundenen Schiefern" wußte.

Zusammenfassend ergibt sich mithin folgendes kombinierte W-E-Profil durch die Zwischenzone etwa in Höhe der Straße

Brombach-Weschnitz: Im Osten steht Buntsandstein an. Eine Verwerfung ist als topographische Senke (zwischen Weschnitz und Hammelbach) ausgebildet; in ihr liegt zum Teil noch Buntsandstein zuoberst (auf der Skizze nicht dargestellt). Es beginnen nach Westen die Erhebungen zwischen Stotz und Eselberg: die Gesteine der Zwischenzone. Zuunterst der dioritische Flasergneis, der in der Ausbildung als Hornblendegneis den Hauptanteil der

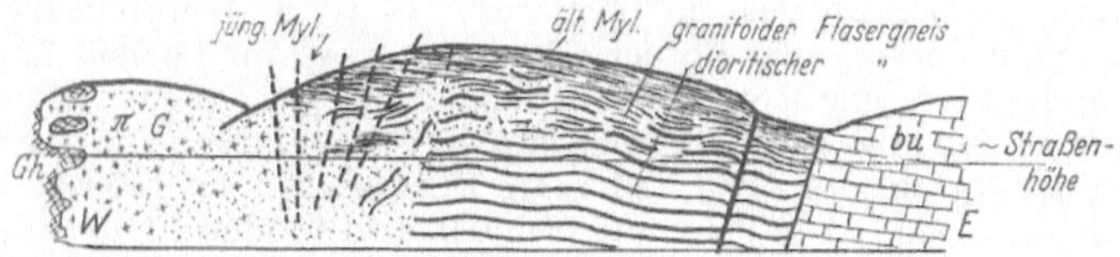


Abb. 27. Kombiniertes Profil W—E durch die Tromm in Höhe des Weschnitzdurchbruches. Erläuterungen s. im Text.

Gneisschwelle ausmacht. Im Gebiet der Weschnitzschlucht ist er von granitoidem Flasergneis überlagert. Die „älteren Mylonite" liegen als geplättete granitoide Gesteine darüber, auch die tieferliegenden Gesteine sind von der Mylonitisierung mitgenommen worden. Die Skizze ist insofern schematisch, als nicht festgestellt werden konnte, ob etwa die akkordante Übereinanderlage Faltungen verschleiert. Die gestrichelte Linie gibt die besprochene, noch problematische Grenze Hornblendegneis/Flasergneis (granitoid), an der die Paralleltextur nach unten abkippte. Westlich davon, wo nur noch die granitoiden Flasergneise auftreten, beginnt die stärkere stoffliche Beteiligung des benachbarten Biotitgranites (G), der in Assimilationskontakt mit den Flasergneisen steht.

Die älteren Mylonite sind kappenförmig über die Mischzone nach Westen gezogen. Damit soll folgender Sachverhalt dargestellt werden: Steigt man von der Straße bergwärts in Richtung Raupenstein, so erscheinen in höheren Lagen wieder gneisartige Gesteine, wie sie sich auf der Ostflanke, also innerhalb der Böllsteiner Anteile, finden. Entweder ist nun Böllsteiner (flach mylonitisiertes) Gneismaterial über den Bergsträßer Biotitgranit überschoben worden, oder aber es ist von der *flachen* Mylonitisierung auch der Bergsträßer Biotitgranit betroffen worden. Jedenfalls kann man diese ältere Mylonitisierung nicht älter als die Biotitgranit-Intrusion ansetzen.

Da nun eben diese (flachen) Mylonite den gleichen Beanspruchungsplan haben wie die Böllsteiner Granitgneise, so ist die Mylonitisierung als *Abschluß* der Böllsteiner Tektogenese aufzufassen.

Eine andere Frage ist es, welchen *zeitlichen* Abstand die Böllsteiner Vergneisung von der Mylonitisierung aufzuweisen hat.

Vergleicht man die Texturen der Böllsteiner Kuppel (alter Begrenzung, also die G und $G_2$ zwischen Kainsbach und Brensbach) mit denen des Hornblendegneises und denen der flachen Mylonite östlich des Stotz, so ergibt sich in bezug auf die Straffheit des Gefüges, daß der Böllsteiner Gneis die Mitte hält.

Ob der Hornblendegneis zur Zeit der Gh- (d. h. Hornblendegranit-) Intrusion schon vorlag, oder ob der Gh dort, wo er zur flachen Lagerung kam, nachfolgend vergneist wurde, läßt sich stricte sensu nicht entscheiden, da die Unterteufung des paralleltextierten Gh (Gneis) unter dem $\pm$ massigen Gh (Hornblendegranit) so ist, daß man Übergänge konstruieren könnte (Diskussion s. S. 52). Aus dem unterschiedlichen Modus (man vergleiche einen „Gh" von Fürth mit einem „Gh" von Hammelbach!) und dem Abkippen des Gneises auch bei Weschnitz läßt sich aber schließen, daß der Hornblendegneis schon bei der Hornblendegranitintrusion als Rahmengestein fungierte.

Die tektonischen Bewegungen, die zur Zeit der Bergsträßer Granitintrusionen stattfanden und dem Bergsträßer Granit seine Flaser-Paralleltextur aufprägen, wirken sich im Böllsteiner Odenwald als Überprägungen im „nur" metamorphen Bereich aus; dadurch haben wir zum Teil Vergneisung über Vergneisung und ein Unkenntlichwerden älterer Phasen. — Daß sich die tektonische Beanspruchung, die im Bergsträßer Odenwald Flaserungen erzeugt, im Böllsteiner als „nur"-metamorphe Überprägung äußert, mag daran liegen, daß im Bergsträßer Odenwald die Schiefer steil stehen, während sie im Böllsteiner Odenwald eine $\pm$ flache Basis haben[1].

Die Otzbergspaltenmylonitisierung, annähernd parallel der Vergneisungsgrenze, ist als posthume Reaktion auf eine alte Schwächezone aufzufassen.

### IV. Die Mylonite der „Otzbergzone".

Zu ihnen rechne ich alle Gesteine, die auch von der vertikalen Komponente bzw. nur von ihr betroffen worden sind. Letztere — innerhalb des Biotitgranites — lassen das Edukt fast immer erkennen. Die Entzifferung der zweimal beanspruchten Mylonite macht größere Schwierigkeiten. Die vertikale Komponente setzt in mehreren ann. N—S verlaufenden Streifen an.

Bei den kalifeldspatreicheren (Granit-)Myloniten verteilen sich gegitterte Mikrokline in Durchtränkungskanälen, -filmen und -flasern über das ganze

---

[1] Wenn, wie schon v. Bubnoff erkannte, die Erzbacher Gesteine den Böllsteiner Habitus weniger deutlich zeigen, so kann (wenn man für die Tendenz „zur Abreaktion tektonischer Einwirkungen in Vergneisung" eine flache Basis voraussetzt), eine steilere Lagerung schieferiger Rahmenbestände bei Erzbach ein texturelles Fenster bedingt haben.

Gewebe. Kalifeldspatärmere Mylonite führen Mikroklin in karbonatgefüllten Rissen. — Neben trüben Andesinen (bis 52% An) auch Albit in klaren Xenoblasten.

Die Strukturzerstörung bis zur Ausbildung dunkler, dichter, hornfelsartiger Gesteine beginnt mit Rißbildung zwischen den noch verbandsintakten Feldspaten und mit Undulierung dieser und der Quarzaggregate. Verscherungen nach (001) bei Kalifeldspat lassen sich gut beobachten. Schon in diesem Zustand sind — im Gegensatz zu den nur horizontal-mylonitisch beanspruchten Gesteinen — alle Mafite umgesetzt[1]. An die Stelle der Biotite treten neben Chlorit Muskovitaggregate mit Erzkörnern und Calcit. — Apatit, Zirkon und Epidot bleiben erhalten. Titanit wird pseudomorph durch Mikrolithen ersetzt, die nach Lichtbrechung, Interferenzfarbe, Umriß und Auslöschung Anatas sind. In den Plagioklas gerissene Spalten sind mit Calcit im Inneren und mit Muskovit an den Säumen gefüllt. In bezug auf den umgebenden Plagioklas kann die Rißfüllung (nach dem Formelumsatz) isochem sein, was Al, Ca und Si betrifft. Kali könnte aus zerpreßten Mikroklinen stammen, $CO_2$ muß zugeführt sein[2].

Die Gefügezerrüttung[3] endet mit einer muskovit- und chloritverfilzten trüben Grundmasse mit verzahnten Kleinquarzaggregaten, zum Teil Rekristallisaten; daneben brauneisengesäumte Karbonataggregate und Schnüre brekziöser Quarz-Feldspatkörner. Manchmal ist die Kristallbreigrundmasse überhaupt nicht mehr auflösbar.

Solche zermahlene Gesteine müssen aber durchaus nicht jedesmal alle vorausbeschriebenen Stadien durchlaufen haben; die Mobilisierungsvorgänge während der Kataklase sind örtlich verschieden groß.

Die Gliederung der (Granit-)Mylonite nach STAUB [70] für alpinotype Verhältnisse kommt den hiesigen Beobachtungen nahe. HERITSCH [48] zitiert die mikroskopische Gliederung STAUBS:

„Typus A. Quarze mit undulöser Auslöschung, zum Teil auch Trümmerhaufwerk; Mikroperthite scharf zerspalten, mit Rissen meist um 30° zur Schieferung, mit Entmischung zu Albit; an Karlsbader Zwillingen Translationsverschiebungen, oft ganze Systeme von solchen; die serizitisierten Feldspate verhalten sich den frischen gegenüber als blastische Massen.

---

[1] Zur Bewegung quer stehende Biotite scheinen schneller chloritisiert zu werden.

[2] Vgl. L. RÜGER [63].

[3] Varianten bei betonter Paralleltextur sind: statt des wirren Muskovits wellige Chloritflasern bzw. solche aus gebleichtem Biotit. Quarz in eigenen Linsenzügen.

Serizit in dünnen Strähnen ausgewalzt, wo harte Widerstände vorhanden sind; an anderen Stellen große Nester bildend. Muskovit stark gefaltet. Die Struktur schwankt zwischen klastogranitisch und grobbrekziös. Die Textur ist schwach lentikular.

Typus B. Die Zertrümmerung von Quarz und Feldspat geht weiter; Mörtelkränze und Trümmerzonen werden größer und wachsen zu Trümmerfeldern an. Die Körner werden kleiner, die einzelnen Brocken löschen nicht mehr einheitlich aus. Die Serizitmassen sind noch bauchig, so daß noch immer eine schwach lentikuläre Textur vorhanden ist. Die Struktur ist porphyroklastisch, denn Quarz- und Feldspatrelikte sind Porphyroklasten, die Trümmermassen und Serizitnester und -linsen sind Grundgewebe.

Typus C. Die Serizitnester werden zu langgestreckten Linsen ausgewalzt. Die Relikte bleiben noch in derselben Größe. Es wechseln lange Linsen von Serizit mit härteren Trümmerfeldern, in welchen noch größere Relikte liegen. In den Trümmerzonen beginnt die Serizitisierung der kleinsten Feldspate. Die Struktur ist grobmylonitisch; charakteristisch ist die Trennung in härtere und weichere Lagen.

Typus D. Die größeren Quarze und Feldspate gehen der Auflösung in kleinste Trümmer entgegen. Der makroskopisch geflammte Habitus erscheint unter dem Mikroskop in den langgestreckten Linsen, die aus einem Brei von Quarz und Feldspat bestehen und durch breite Bänder und Züge von Serizit voneinander getrennt werden. — Das sind also feinmylonitische Gesteine, deren flammige, stark wellige Lagentextur durch Auswalzung entsteht.

Typus E. Das sind die Ultramylonite oder die purée parfaite Termiers. Die Quarz-Feldspatlagen und Serizitzüge verlaufen parallel. Das Korn ist fein, die Auswalzung ist vollkommen, Relikte von Porphyroklasten fehlen.

Typus F entsteht, wenn D oder E wieder gefaltet werden."

Die Übereinstimmung mit A ist (in der Otzbergstörung) vollkommen, die mit B und C gut, dann divergieren die Erscheinungen. Das mag daran liegen, daß die stärker zermahlenen Gesteine schon mylonitisch vorbearbeitet waren (Horizontalkomponente!). Vollkommene Zermahlung tritt bei uns schon bei der Merkmalsassoziation D ein. Typus E und F fehlen.

## G. Die Aschbacher Gesteine.

### I. Verbandsverhältnisse.

NE von Waldmichelbach erscheinen, ehe der Trommgranit und seine Rahmengesteine unter dem Buntsandstein verschwinden, flasrige bis straff paralleltexturierte rötliche und graue Gesteine, mit denen der (hier porphyrartig ausgebildete) Trommgranit in Assimilationskontakt steht. — Da Klemm eine flasrige Ausbildung bei Odenwaldgraniten auf allen Lokalitäten durch Assimilation von Schiefergesteinen erklärt, lag es für ihn nahe, auch hier die paralleltexturierten Gesteine als Trommgranit, „Granit von Waldmichelbach" [9], reich an Einschlüssen, zu beschreiben. Diese Beschreibung ist zumindest unvollständig, weil auch granitische Apophysen Paralleltextur zeigen, mithin also der gefügeregelnde Vorgang die (diskordante) Apophyse noch mit erfaßt hat.

Die Problemlage ähnelt der des Böllsteiner Massivs. KLEMM erklärte die dortigen paralleltextierten Orthogesteine als Granite, vergleichbar den Graniten des Bergsträßer Odenwaldes. v. BUBNOFF nennt diese Gesteine Gneise und folgert, daß sie somit älter sein müssen als die Bergsträßer Granite. Bei der Gefügeanalyse des Böllsteiner im 1. Teil der Arbeit hatte ich die Sachlage (unter Berücksichtigung sowohl KLEMMscher wie v. BUBNOFFscher Argumentationen) so interpretiert, daß die Gesteine zwar Gneise sind, daß aber die letzte Überformung nicht älter angesetzt werden darf als die letzte Intrusion des varistischen Zyklus im gesamten Odenwald. — Auch die Verhältnisse im Nordteil der Tromm hatten eine spätvaristische tektonische Phase nahegelegt.

Unter diesen Gesichtspunkten ergab sich die Notwendigkeit einer genaueren Gesamtanalyse der Aschbacher Gesteine.

### a) Feldgeologische Übersicht.

1. Der Trommgranit reicht bis unmittelbar an das Aschbacher Tal (Waldmichelbach-Wahlen) heran; er ist in diesem südlichen Teil des Trommrückens reicher an ± verdauten Einschlüssen als im Norden, gleichzeitig ist eine Zunahme der porphyrartigen Ausbildung festzustellen.

2. Auf der Ostseite des Tales (an der Straße) stehen gegen Norden rötliche sowie graue paralleltexturierte Gesteine an; der Verband zwischen beiden ist konkordant-lagig, so daß sich über ein relatives Alter von grauen und rötlichen Lagen zunächst nichts sagen läßt. Hauptsächlich ist graues Gestein erschlossen. Die Grenze der beiden Abarten ist nicht immer deutlich, oft aber durch ein Mafitpolster aus parallelgestellten Biotiten herausgehoben. — Die Paralleltextur setzt gleichsinnig über die Grenze des grauen zum roten Gestein hinweg, demnach ist die makroskopisch beobachtete Paralleltextur jünger als die Lagenbildung der beiden Gesteine. Das Durchsetzen der Paralleltextur (über die Grenze) ist nur dort beobachtbar, wo die roten Gesteine durch eine linsige Krümmung die sonst konkordante „Bankung" anschneiden. Das tritt beim Abbau des Bruches nur gelegentlich zutage.

Eine Inhomogenität der grauen Gneise, dergestalt, daß Korngröße und Mafitgehalt wechseln, zeigt die Abb. 28; extrem dunkle Stellen dieses als Flasergneis zu bezeichnenden Gesteins gehen in fast mafitfreie helle Stellen kontinuierlich über. Dieses Gestein ist die eine Art der von KLEMM so genannten „flasrigen Granite, reich an Einschlüssen".

3. In den Gneis verästeln sich aplitische und pegmatitische Trümer von der Art, wie sie andernorts innerhalb des Trommgranites beobachtet werden. Die Paralleltextur setzt auch durch die meisten dieser Trümer sichtbar durch.

4. Während sich im nördlichen Bruch die Inhomogenität des grauen Gesteins auf die Einschaltung der mafitischen Partien

Abb. 28. Grauer Gneis von Aschbach. Straßenbruch, etwa ¹/₂. — Oben granıtoıde Lage, unten mafitreıcher. Der Übergang ist kontinuierlich und unter dem Mikroskop schlechter zu erkennen als im Handstuck.

beschränkt, entsteht nach Süden zu mehr und mehr ein streifiger Charakter, so daß der Phänotyp eines Injektionsgefüges (Granit in Orthogneis) auftritt. Das ist die andere Art des KLEMMschen „Flasergranites", hier mit mehr Recht so bezeichnet.

5. Die westliche Talseite, an der die Bahn entlang geführt ist, besteht nur zum Teil aus den Gesteinen der Straßenseite; daneben tritt (relativ massiger) porphyrartiger, aplitisch durchschlierter Granit auf. Eine scharfe Grenze ist deswegen nicht ziehbar, weil der Granit das vorfindliche schieferige Material assimiliert hat, hier ist eine Flaserung auf die Assimilierung zurückführbar. Der

Granit hat von pegmatitisch gefülltenZuführungen aus stockscheiderartige Kalifeldspat-Großkristalle in wolkiger Verteilung ausgebildet.

6. Somit ergibt sich folgendes: Im westlichen Teil, gegen den Trommgranit, häufen sich zwischen $\pm$ massigem, zum Teil porphyrartigem Granit Schollen und Fetzen von Schiefergesteinen amphibolitischen Charakters. Entfernter von dieser einschlußreichen Assimilatzone treten die injektionsartigen welligen Gesteine auf. Nördlich davon verliert sich der wellige Charakter sowie die Hell–Dunkel-Lagentrennung zugunsten einer straff geregelten Paralleltextur. Die letzte tektonische Einwirkung dieses $\pm$ homogenen Gneises fällt in die Zeit der granitischen Intrusion.

*b) Verbandsverhältnisse im einzelnen.*

Folgende Detailbilder und -profile präzisieren die geschilderten Verhältnisse:

1. Profil vom nördlichen Straßenbruch (Abb. 29a).

Aufschlußhöhe etwa 5m. Die Typen dieser Lokalität wurden gefügeanalytisch untersucht; s. dort.

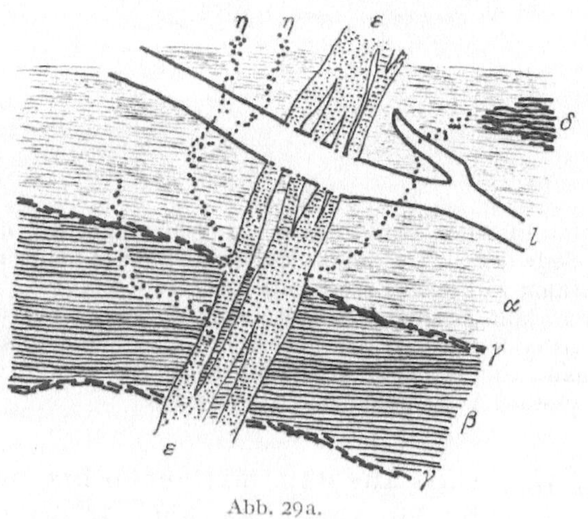


Abb. 29a.

Im grauen Gestein ($\alpha$) liegen rötliche Partien ($\beta$) mit Glimmerpolstern ($\gamma$). Mafitreiche Stellen in ($\alpha$) sind durch ($\delta$) gekennzeichnet.

Jünger sind pegmatitische Schlieren und Adern ($\varepsilon$), die quer durchsetzen. An breiteren Gangstellen verarbeiten sie mitgerissene Stücke des durchtrümerten Gesteins bis auf nebulose Reste. — Es folgen Aplite ($\zeta$), deren Grenze gegen die Pegmatite unscharf ist, so daß beide im Alter wenig verschieden sein dürften. Schon KLEMM beobachtete gegenseitige Durchtrümerung von Pegmatiten und Apliten. Schließlich durchschwärmen schmale helle ($\eta$) Schlieren verschiedener Korngröße diffus alles Vorgenannte.

Die durch Schraffur kenntlich gemachte Paralleltextur muß man insofern schematisch nehmen, als im allgemeinen die Bankung ($\alpha$) mit ($\gamma$) praktisch parallel zur Texturebene liegt, so daß das Über-die-Grenze-Setzen der Paralleltextur nur in Einzelfällen deutlich ist.

## 2. Profil aus dem mittleren Straßenbruch (Abb. 29b).

Profilhöhe etwa 1 m. Wird abgebaut. Rechts vergrößerter Ausschnitt aus dem (linken) Bild. Der Gang ist gefügeanalytisch erfaßt; s. dort.

Bei der bisherigen Beschreibung habe ich das vormetamorphe Verhältnis von grauem und rotem Gneis offen gelassen.

Hier wird nun beobachtet, wie ein rotes Gestein (auch unter dem Mikroskop nicht von dem „roten" Gneis des 1. Profils zu unterscheiden) ein Mischgestein mit dem grauen Gestein bildet, indem eine wolkige Zerstreuung der (sonst der Paralleltextur vollkommen konkordanten) roten Lage stattfindet. Das rote Gestein wäre somit ein Gang in grauem Gestein und sekundär mit dem Wirt vergneist.

Abb. 29b.

In einer Beule dieses Ganges, vergrößert dargestellt auf der rechten Seite der Skizze, durchsetzen die Glimmer unabgelenkt (und nach dem Gangsaum zahlreicher werdend) das rote Gestein.

Man könnte natürlich dieses Vorkommen als einen Gang vom relativen Alter ($\zeta$) beschreiben. Ich kann aber keine entscheidenden Argumente für eine Unterscheidung von ($\beta$) des 1. Profils und vorliegendem Gang finden; bessere Aufschlüsse sind abzuwarten.

### 3. Details aus dem mittleren bis südlichen Anteil des Straßenbruches (Abb. 29c bis g, nebenstehend).

Abb. 29c und d. Aufschlüsse abgebaut. Etwa $^1/_{10}$ nat. Größe.

Die Abbildungen zeigen die unterschiedlich starke Paralleltextur der hellen bis mafitfreien Gänge und Trümer. Die stumpfe Apophyse eines Aplites in grauen Gneis ($\alpha$) mit Partien ($\delta$) wird in den zentralen Teilen fast massig (Abb. 29c).

Im grauen Gneis ($\alpha$) sind Apophysen ($\varepsilon$) angeschnitten, es sind grobkörnige, fast mafitfreie Trümer ohne eine Längung der Einzelkristalle nach einer Paralleltextur, also $\pm$ massig. Rechts von dem grauen Gneis unterbricht ein Gang ($\zeta$) die Paralleltextur. Aber nur die linke Grenze des Ganges ist scharf. Nach rechts zu nimmt allmählich die Paralleltextur an Deutlichkeit zu, bis wieder ($\alpha$)-artiges Hauptgestein auftritt (Abb. 29d).

Gelegentlich beobachtet man, daß die Glimmerlagen des Hauptgesteins, sofern es sich um die wellig-injektionsartige Ausbildung handelt, an der Grenze gegen Aplite geschleppt sind.

Abb. 29e, $^2/_3$ nat. Größe.

Das Übergreifen großer Kalifeldspate an der Grenze eines Aplites gegen den grauen Gneis, wie es in Abb. 29e (rechts der Aplit) abgebildet ist, zeigt zugleich das thermodynamische Niveau des Kontakts. Ebenso hätte man ja eine scharfe Grenze und keine übergreifende pegmatitartige Zone erwarten können.

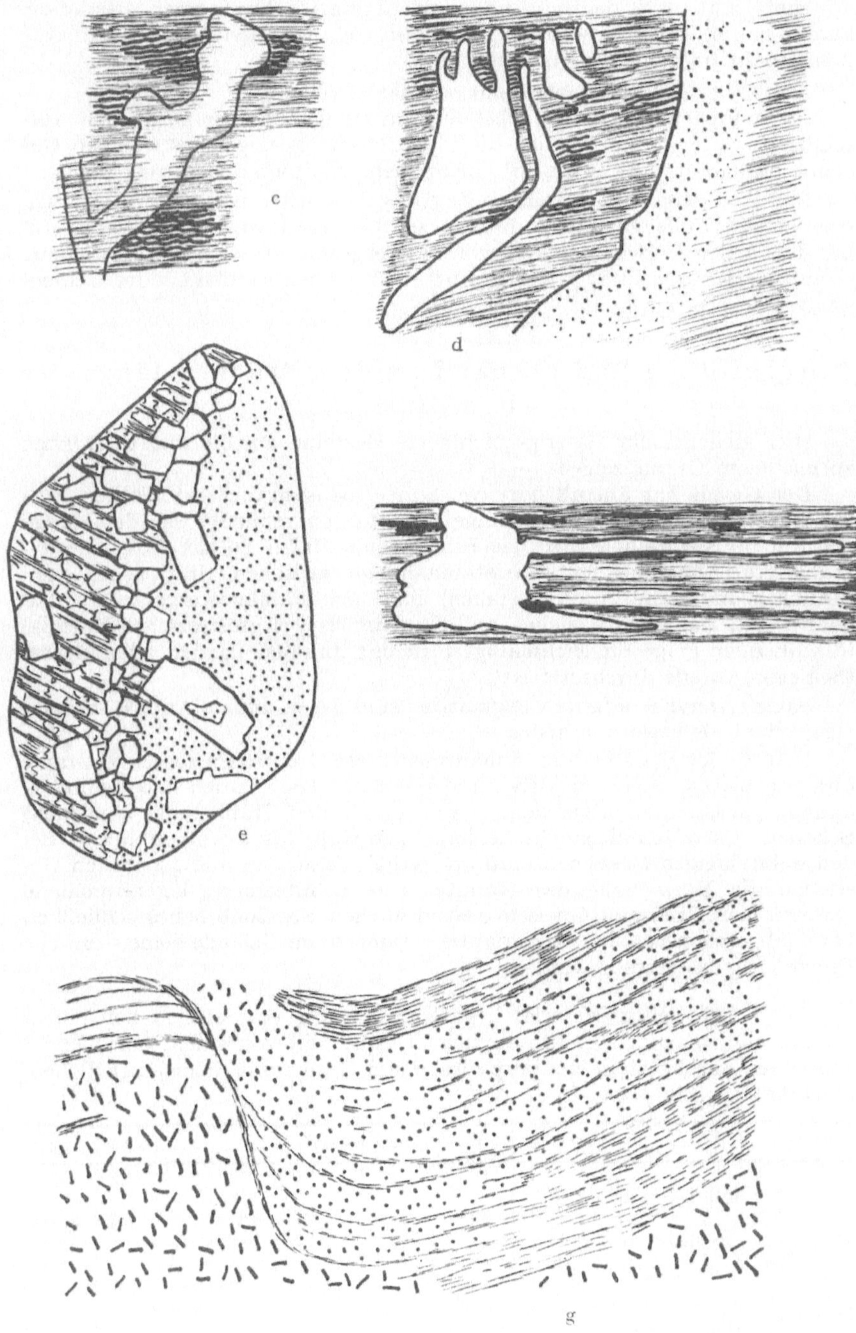

Abb. 29 c—g. Detailbilder von den Aschbacher Gneisen. Erläuterungen s. im Text.

Abb. 29f. Etwa $^1/_{10}$ nat. Größe.

Hier sieht man deutlich, wie sich pegmatitische Trümer diskordant knollig in die Gneise einschalten, sich dann aber der flächigen Paralleltextur konkordant im Gefüge verbreitern.

Abb. 29g. Aufschluß abgebaut. $^1/_3$ nat. Größe.

Im südlichen Teil des Bruches und im Hangenden der nördlichen Aufschlüsse werden hauptsächlich die injektionsartig lagigen bis welligen Gesteine beobachtet, die einen im ganzen mehr ganitoiden Habitus haben:

Das Bild zeigt einen welligen Zug des Gesteins vom Typus ($\delta$), in dem eine hellere Fülle gangartig durchsetzt. Umgeben wird diese Partie ($\delta$) mit dem hellen Zwischenmaterial von „Flasergranit" ($\delta$ = parallel gestrichelt; Granit = richtungslose Strichsignatur). Alle Typen werden bei der Gefügeanalyse besprochen.

## 4. Ausbildung und Verband an den Brüchen längs der Bahnlinie.

Hier stehen mehr flaserig-gebänderte Gesteine an, die alle Übergänge zu massigem Granit zeigen.

Der Granit hat überall dort, wo seine Intrusion die tektonischen Einwirkungen überdauerte, die massige Struktur ausgebildet. Bei der Menge der Einschlüsse freilich wird das Bild uneinheitlich. So hat z. B. eine detailliertere Abnahme der Varietätenabfolge zwischen Stationshäuschen Aschbach und Hauptbruch (verfallen) auch nichts anderes ergeben, als daß quarz- und kalifeldspatreiches aplitgranitisches bis grobkörniges Material in schlieriger Folge ungleichmäßig stark mit dunklen Partien assimilierter (Schiefer-)Anteile durchsetzt ist[1].

Säume von diskordanten Pegmatiten sind gegen dunkle Anteile schärfer ausgebildet als gegen die hellen.

Hier an der Bahnseite kann man von einem Grenzsaum zwischen Granit und resorbiert werdendem Altbestand sprechen. Hier haufen sich die unverdauten (gewissermaßen vor dem sich ausbreitenden Granit hergeschobenen) Schollen. Es treten die stockscheiderartigen Kalifeldspatwolken auf. — Bei den wellig-lagigen Gesteinen muß im Verhältnis zu den hier genannten Gesteinen die Einwirkung des Granites eine behutsamere, lagentrennende gewesen sein. Bei den Gneisen des nördlichen Straßenbruches schließlich kann (abgesehen von den diskordanten Trümern) im Gelände keine stoffliche Einwirkung festgestellt werden.

---

[1] Von dem hellen Material liegt eine Analyse vor; ebenso von einem „normalen", massigen, porphyrartigen Granit und von einem hornblendeführenden Mischgestein aus porphyrartigem Granit mit Schieferschöllchen. (Aus Klemm, Lit. [11].)

| | si | al | fm | c | alk | k | qz |
|---|---|---|---|---|---|---|---|
| Streifiger heller Granit Aschbach, a. d. Bahn . . . | 347 | 37 | 15 | 10 | 38 | 46 | + 95 |
| Massiger, porphyrartiger Granit, Unterwaldmichelbach . . . . . . . . . . . | 313 | 42,5 | 18,5 | 9 | 30 | 47 | + 83 |
| Dunkler porphyrartiger Granit mit Schieferschöllchen, Aschbach a. d. Bahn . . . | 227 | 38,5 | 25 | 15,5 | 21 | 43 | + 46 |

## Zusammenfassend ergibt sich also:

Es sind hier, wie unsicher die Grenzen im einzelnen auch zu ziehen waren, nicht nur hybride flasrige Granite vorhanden; es sind nicht alle Paralleltexturen als „gneisartige Zwischenstufen" bei der Assimilation von Schiefer aufzufassen, sonst dürften diskordante Trümer nicht in die Paralleltextur einbezogen sein.

Dies ist der Ansatz, von dem die Gefügeanalyse ausgehen muß: Die Assimilation erfolgt an einem als Gneis vorliegendem Gestein; dabei wird der Graniteinfluß in dem Maße undeutlicher, wie die Straffheit der Regelung zunimmt.

Die Übergänge kann man durch Nebeneinandersetzung der abgebildeten Detailprofile etwa folgendermaßen wiedergeben (Abb. 30):

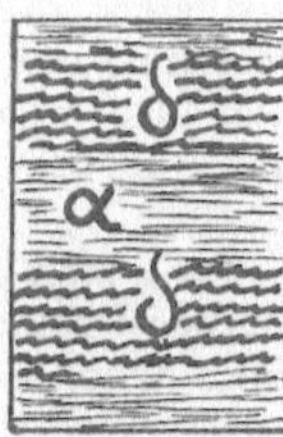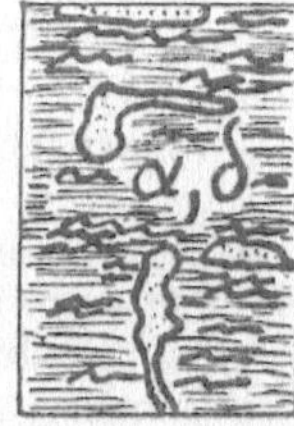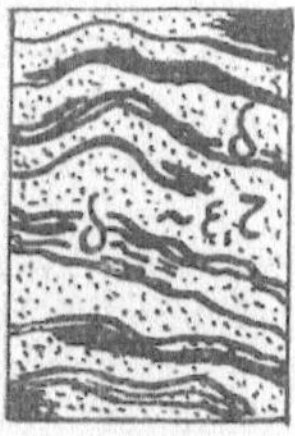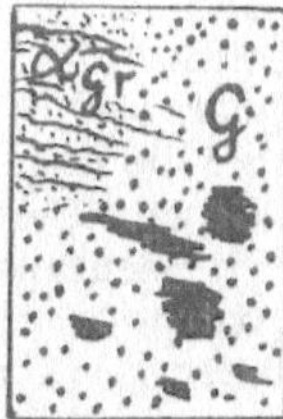

Abb. 30. Zusammenstellung der Profilteilstücke der Aschbacher Aufschlusse. Erlauterungen s. im Text. (Übergang Gneis-Granit.)

Zusammenstellung der Profile von links (Norden) nach rechts (Süden).

Die homophan-paralleltextierte Ausbildung von ($\alpha$) hat singuläre Einlagerungen ($\delta$); die Ausbildung wechselt in eine solche, bei der größere Anteile ($\delta$) — in sich homophan — neben ($\alpha$) auftreten. — Die sich in dieses Gefüge einschaltenden pegmatitischen Adern folgen nach einem diskordanten Ansatz der vorgegebenen Paralleltextur. Schließlich fehlt putzenförmiges ($\delta$) ganz, dafür tritt das wellige ($\alpha + \delta$)-Lagengefüge auf, bei dem helle granitische Anteile und mafitische Lagen wechseln. — Am Bahnbruch schließlich erscheint der Granit selbst.

## II. Physiographie.

Aus dem Vorhandensein einer gleichsinnigen Paralleltextur in allen vorhandenen Gesteinen (mehr oder weniger deutlich) ergibt sich eine gewisse strukturelle Einförmigkeit aller Typen. Hauptsächlich muß man daher eine Unterscheidung nach der Korngröße, dem Kalifeldspatgehalt und dem Kalifeldspat/Mafitverhältnis treffen.

Aus der Tabelle II sind die Integrationswerte vom Straßenbruch zu ersehen. Da bei nicht richtungslosem Gefüge Vermessungen in nur einer Ebene unrichtige Werte ergeben müssen, so wurde außerdem nach einer damals noch nicht veröffentlichten Methode von K. R. Mehnert, dem ich für die Einsichtgabe in das Manuskript danke, eine Körnerauszahlung parallel zur Integrationsmessung an Schliffen vorgenommen. [Dabei erfolgt a) Trennung nach dem Brechungsindex, b) Unterscheidung nach der Flußsäureätzbarkeit und c) gegenseitige Verrechnung.]

Die Ergebnisse differieren zum Teil erheblich von den Integrationsanalysen. — Ein $yz$-Schnitt vom Typus ($\alpha$) ergab integriert:

|  | Kalifeldspat | Quarz | Plagioklas | Biotit |
|---|---|---|---|---|
|  | 9 | 15 | 67 | 9 |

Das Mittel von 4 verrechneten Auszählungen (200—300 Körner je Präparat)
hingegen war

|  | Kalifeldspat | Quarz | Plagioklas | Biotit |
|---|---|---|---|---|
|  | 18,5 | 19,5 | 54 | 8 |

Entsprechend ergab sich für einen Aplit vom Typus ($\zeta$)

|  | Kalifeldspat | Quarz | Plagioklas | Biotit |
|---|---|---|---|---|
| Integriert . . . . . | 37 | 21 | 39 | 3 |
| Ausgezählt . . . . | 58 | 22 | 15 | 5 |

Man erkennt die Gleichsinnigkeit der Unterschiede zwischen Integra-
tionsanalyse und Kornauszählung in beiden Beispielen: die vorliegenden
Querschliffe (quer zur PT) ergaben zu wenig Kalifeldspat, zu viel Plagioklas;
Quarz und Biotit liefern vergleichbare Werte. Es ließen sich hieraus Schlüsse
über die Lagerungsweise der (nicht isometrisch ausgebildeten) Mineralien im
Gefüge ziehen[1].

Jedenfalls aber sind die Integrationswerte — wenn sich auch selten so
extreme Wertverschiedenheiten ergeben — mit Kritik zu nehmen. Ich habe
daher, gestützt auf verschiedene Körnerpräparatzählungen, in der Tabelle II
einen modalen Richtwert (Schwankungsbreite) angegeben.

### *Die grauen Gneise (α) und ihre Einlagerungen (δ).*

Die Struktur ist panallotriomorph-körnig, in den kalifeldspat-
armen Gesteinen ($\delta$) rundlichblastisch, in den kalifeldspatreichen
Gesteinen ($\alpha$) korrosiv aplitartig.

Aus der Unterscheidbarkeit der Strukturen ($\alpha$) und ($\delta$), nämlich

| ($\alpha$) | ($\delta$) |
|---|---|
| Xenomorphie von (Quarz und) Kalifeldspat gegen Plagioklas (und Mafit). Relative Idiomorphie des Plagioklases. Korrosion des Plagioklases durch Myrmekitwarzen seitens des Kalifeldspates. | Kristalloblastische Begrenzung aller Gemengteile, also Gleich-wertigkeit von Plagioklas (Kalifeldspat fehlt), Quarz (und Mafit) |

ergibt sich, daß die Partien ($\delta$) die reliktischen Anteile darstellen;
es handelt sich um einen quarzführenden Plagioklas-Biotit-Gneis.
Das Gestein ($\alpha$) ist das durch die Mikroklinkorrosion veränderte
Edukt. Es ist in den granitferneren Aufschlüssen injektionsaderfrei
und muß als metasomatisch veränderter Gneis bezeichnet werden.

---

[1] Zum Vergleich: Modalbestand des hellen Böllsteiner Gneises von
Langenbrombach.

|  | KF | Qu | Plag | Bi |
|---|---|---|---|---|
| Integriert . . . . . . | 39 | 28 | 29 | 4 |
| Ausgezählt . . . . | 48 | 25 | 22 | 5 |

Tabelle II. *Modalbestände der Aschbacher Gneise und Mischgesteine.*
Integrationsanalysen, ergänzt durch Körnerauszählungen (= Angaben in Klammern; zugleich ann. Schwankungsbreite).

| Gestein | Kali-feldspat | Plagio-klas | % An | Quarz | Mafite (Biotit) | Quotient Mafit: KF |
|---|---|---|---|---|---|---|
| *Grauer Gneis (α) mit Einlagerungen (δ) und Mafitpolster (γ)* | | | | | | |
| Polster (γ) . . . | 2 | 23 | 18—23 | 18 | 57 | 28,5 |
| dto. . . . . . . | (0—5) | (20—60) | | (15—30) | (50—60) | |
| Typus (δ). . . . | 2 | 38 | 18—27 | 12 | 48 | 24 |
| dto. . . . . . | (0—10) | (40—60) | | (0—15) | (30—60) | |
| Typus (α). . . . | 11 | 39,5 | } 17—25 | 37 | 12,5 | 1,1 |
| | 9 | 67 | | 15 | 9 | 1 |
| | 10 | 62 | | 22 | 8 | 0,8 |
| | 16 | 54 | | 22 | 8 | 0,5 |
| dto. . . . . . | (10—20) | (40—60) | | (15—40) | (10—15) | |
| *Graues Mischgestein (α) und (α$_{Gr}$)* | | | | | | |
| (α), granitoid . . | 31 | 30,5 | 15—22 | 37 | 1,5 | 0,05 |
| Lage (δ) aus (α$_{Gr}$ + δ) . . . | 22 | 35 | 22(—27) | 22 | 21 | 1 |
| Streifiges Gestein , (α$_{Gr}$ + δ) . . . | 32 | 33 | ann. 20 | 29 | 6 | 0,2 |
| Helle Lage aus (α$_{Gr}$ + δ) . . . | 41 | 30 | ann. 17 | 26 | 3 | 0,07 |
| *„Roter Gneis" (= β vom Nordprofil bzw. gangartig (evtl. ζ) vom 2. Profil)* | | | | | | |
| (β) . . . . . . . | 44 | 40 | 20—22 | 10 | 6 | 0,14 |
| ? (ζ) . . . . . . | 56 | 20,5 | 10—20 | 22 | 1,5 | 0,03 |
| *Diskordante Durchtrümerung (ε) und (ζ)* | | | | | | |
| (ε) Pegmatit . . | 36 | 35,5 | ann. 15 | 25 | 3,5 | 0,1 |
| (ζ) Aplit . . . . | 26 | 49 | } 12—17 | 21 | 4 | 0,15 |
| | 36 | 26 | | 35 | 4 | 0,11 |
| | 37 | 21 | | 39 | 3 | 0,08 |
| dto. . . . . . | (25—55) | (20—50) | | (20—35) | (0—5) | |

Modalbestände des Trommgranites s. nachstes Kapitel, S. 103 f.

Der Name Hybridgranit wird erst in *dem* Maße richtig, wie das metasomatische Gefüge in ein injektionsartiges Gefüge übergeht.

Es ist freilich nicht anzunehmen, daß der Gneis (α) schon von vornherein ganz einförmig war. Es wird also der der Metasomatose entgangene Anteil (δ) nicht die Gesamtheit des Eduktes wiedergeben, sondern die für Metasomatose resistentere Spielart. — Für letztere ist Apatitnadelbestreuung bei Quarzarmut charakteristisch. Sillimanit, wie ihn KLEMM von Einschlüssen im Granit (Bahnseite) angibt, ließ sich hier allerdings nicht finden. Der Biotit, etwas chloritisiert und mit Epidotspindeln, ist leicht verbogen, aber sperrig-polygonal in der Textur angeordnet. Kalifeldspat tritt an den Übergängen (α) zu (δ) auf, er isoliert Biotite aus den Plagioklasen, ohne die Lage der Biotite zu ändern.

Abb. 31. Aschbacher Gneis. Ausbildung δ, also ohne Kalifeldspat. Vergr. 30×, gekr. Nikols (indifferente Struktur!).

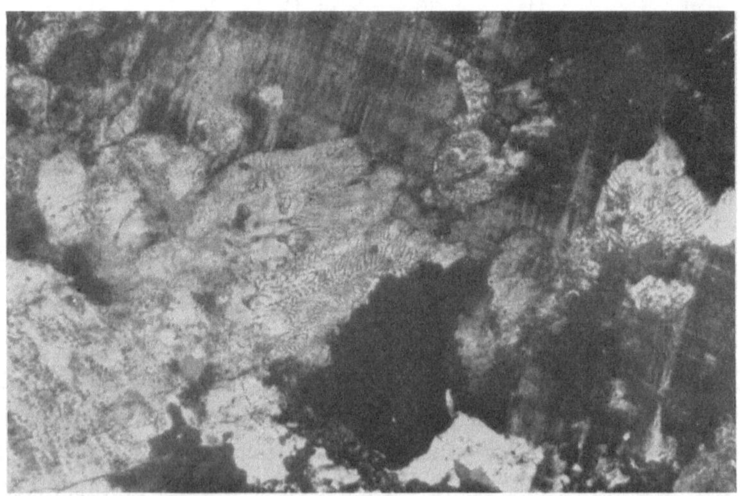

Abb. 32. Gegitterter Mikroklin frißt ein in ihn hineinragendes Plagioklasindividuum unter Ausbildung von Myrmekitwarzen an. Aschbach, aus α, Straßenbruch. Vergr. 40×, gekr. Nikols.

Bei der Metasomatose in (α) werden die Plagioklase peripher und durch zentral gelegene Nester von Myrmekitwarzen angezapft (Abb. 32).

Beim Plagioklas ist eine Abhängigkeit des Anorthitgehaltes von der Kalifeldspatanwesenheit festzustellen. In überwiegend plagioklasführenden Gesteinen ist der Anorthitgehalt ziemlich gleichmäßig 20—25 %, obere Grenze 27 %, untere 16 %, wenn man von den sekundären Veränderungen absieht. Der Plagioklas der mikroklinreichen Typen hat hingegen 10—15 % An.

Mit beginnender (korrosiver) Beteiligung des Kalifeldspates verglimmert der zwillingslamellierte Plagioklas. Amöbisierte, in Kalifeldspat eingeschlossene Plagioklase sind völlig serizitisiert. Nur einseitig an Kalifeldspat grenzende Plagioklase zeigen mitunter auch die Serizitisierung nur einseitig. Mit fortschreitender Serizitisierung wird auch eine Calcitausscheidung bemerkbar. Oft bleiben einzelne Rippen (Zwillingslamellen) höherer Lichtbrechung erhalten, während die Umgebung nur noch 5 % Anorthit enthält. Genau so wie die Serizitisierung einseitig sein kann, so bilden sich auch *Zonen niederen Anorthitgehaltes gegen Kalifeldspat* aus. Solche Zonen sind mitunter völlig klar, also nicht nur ausgelaugt, sondern umkristallisiert. Andere Plagioklase liegen phantomartig, halb verdaut, im Kalifeldspatwirt. Die Umrisse des Plagioklases sind nur noch andeutungsweise zu erkennen.

### *Die Glimmerpolster (γ).*

Zwischen grauem und rötlichem Gestein reichern sich gelegentlich Biotite zu „Polstern" an. Sie sind von den dunklen Einlagerungen (δ) im grauen Gneis unterscheidbar. Es fehlt zwar (γ) wie (δ) Kalifeldspat, aber der Quarzgehalt im Polster ist höher. Die Plagioklase sind zwillingslamelliert, enthalten 18—25 % Anorthit und sind auffällig klar. Die sperrige Anordnung der Biotitleisten ist ungestört.

### „*Roter Gneis*" (β).

Da es mir, wie schon gesagt, nicht möglich ist, für das dem grauen Gneis (α) als roter Gneis (β) gegenüberstellbare, im Unterschied vom grauen Gneis kalifeldspatreiche, granitische Gestein Eigenschaften zu finden, die es eindeutig gestatten, es von rötlichen Apliten (ζ), die ebenfalls von der Vergneisung betroffen worden sind, zu trennen, so werde ich mich auf einen allgemeinen Hinweis betreffs der Rotfärbung beschränken.

Die Rotfärbung beruht darauf, daß die Quarze allenthalben an den Korngrenzen und auf Rissen Eisenglanzschuppen anlagern („Rotquarze"). Dieses Pigment bildet auch Lagen im Plagioklas (zersetzte Plagioklase haben eisenoxydische Inkremente) sowie Flitter um Orthit, der, mit Erzkörnern (Magnetitoktaederchen) vergesellschaftet, nicht selten ist. Andere eisenoxydische Körnergruppen scheinen pseudomorph nach Pyroxen vorzuliegen.

Da nun die Rotquarzbildung und die Anreicherung eisenhaltiger Füllen im Plagioklas (restlicher Anorthitgehalt: 7%) nicht streng auf „rote Gneise" beschränkt ist, sondern sich auch, wenn auch untergeordnet, in den anderen Gesteinen findet, und zwar eben in den Pegmatiten und Apliten, die die Plagioklaszersetzung zeigen, so könnte man von einer metamorph-faziellen Umwandlung sprechen, wie es K. H. Scheumann [67], [68] für die Rotfärbung im sächsischen Erzgebirge[1] diskutiert hat. Hier wie dort erfolgt die Rotfärbung bei Instabilität der Biotite (Erzausscheidung) und durch Sorbtion der Ausscheidungen durch die Plagioklase bzw. ihre Zersetzungsprodukte. Ich möchte allerdings betonen, daß in unserem Falle eine Umsetzung des Biotites (allein) für eine solche Verfärbung deshalb nicht genug Pigment liefert, da einmal eine Biotitinstabilität nur untergeordnet auftritt, dann aber auch nur dort, wo sich Muskovit als Saum um Biotit legt, das Erz weggewandert ist, während es bei der Chloritisierung des Biotites am Ort liegen bleibt. (Selbständiger Muskovit findet sich nur ganz sporadisch.)

Auch in dieser Beziehung ist also die Stellung der „roten Gneise" noch nicht geklärt. Ich selbst halte es für das Wahrscheinlichste, daß die rotquarzführenden Gesteine Injektionen darstellen, die den Hämatitgehalt in Form von Flittern bereits in dieser Form mitbrachten, denn auch innerhalb des Trommgranites beobachtet man bei aplitischen Gängen ähnliche Erscheinungen.

Anders verhält es sich mit den rotgneisartigen Partien im grauen Gneis ($\alpha$), die wie Einlagerungen ($\delta$) ohne mafitischen Saum allmählich in ($\alpha$) übergehen. Denn diese Gesteine — mit einer fast stengeligen Gneistextur — schließen sich auch mit ihrem Kalifeldspatgehalt von 10—25% an die modalen Werte der grauen Gneise bzw. ihre Einlagerungen an.

*Die pegmatitisch-aplitische Durchfächerung ($\varepsilon$), ($\zeta$), ($\eta$)*
wird nur in den jüngsten Apophysen von der tektonischen Einwirkung nicht mehr berührt. Die Trümer sind dem Trommgranit

---

[1] Kayser-Brinkmann (Abriß der Geologie, Enke 1940, 6. Aufl.): „Die ‚roten Gneise' des Erzgebirges wurden erst nach dem Unterkarbon, in der Hauptphase der varistischen Gebirgsbildung gemeinsam mit den syntektonischen Intrusivmassen der ‚grauen Gneise' metamorph überprägt" (S. 238/39). Hingegen Dorn (Geologie von Mitteleuropa, Schweizerbart 1951): „... ist nicht zu entscheiden, ob die ... Metamorhpose ... als altvariscisch bzw. algonkisch zu betrachten ist" (S. 168).

zuzuordnen und zeigen — im Vergleich zu entsprechenden Gesteinen innerhalb der Odenwälder Biotitgranite — keine Besonderheiten. Die Plagioklasstabilitätsfrage wird weiter unten behandelt.

*Die lagig-welligen Mischgesteine ($\alpha_G + \delta$). Der Übergang zum Granit.*

Bei diesen Gesteinen beginnt, wie die Modalwerte zeigen, die Vorherrschaft des Kalifeldspates. Die dunklen Lagen ($\delta$) lassen das Edukt erkennen, die hellen Lagen bestehen bis zu 50% aus Kalifeldspat. — Die Gesteine am Bahnbruch sind inhomogener. Das laminare Bild injektiver Verschweißung von ($\alpha_G$) mit ($\delta$) wird hier infolge der unmittelbaren Nachbarschaft des nachdringenden Granites und die dadurch bedingte Stauung unverdauter Anteile verwischt.

Letztere führen zum Teil Hornblende neben dem (intakten) Biotit. Es fallen Gesteine auf, bei denen flächige, bis zentimeterdicke Mafitschichten mit dünnen hellen Zwischenlagen auftreten. In der kalifeldspatfreien Biotit-Hornblendelage kommt der Plagioklas bis zu 27% An. Der Quarzgehalt variiert. Durchsiebung beobachtet man nur vereinzelt, undulöses Verhalten fehlt nie. Apatit und Zirkon. —Die hellen Lagen führen den Kalifeldspat.

Dort wo die Infiltration des Kalifeldspates wolkig, stockscheiderartig vor sich geht, beobachtet man intergranularsymplektitische Myrmekitwarzen und graphische Gewächse weniger. Solche Beobachtungen lassen sich aber bei der Mannigfaltigkeit der Typen auf kleinem Raum schlecht quantitativ reproduzieren. — Der stockscheiderartige Kalifeldspat scheint monoklin zu sein[1], während der xenoblastische Mikroklin deutliche Gitterung zeigt und von Perthitschnüren durchzogen ist. Zugleich zeigen sich strichweise karbonatgefüllte sowie serizitische Bänder. Neben dem Karlsbader Gesetz ist das Bavenoer Zwillingsgesetz regelmäßig vertreten.

Es müßte nun festgestellt werden, wieviel Kalifeldspat aus dem Granit in das Rahmengestein eingewandert ist. Dort wo Injektionsadern auftreten, dürfte die Antwort nicht schwer fallen. In den Gesteinen aber, denen solche Adern fehlen, wo das korrosive Eintreten des Kalifeldspates in das Gefüge erst unter dem Mikroskop sichtbar wird, ist es schwer, einen zugeführten Anteil von einem ursprünglich vorhandenen abzugrenzen. — Im Hinblick auf die

---

[1] Schon [41] gibt an: (010), (001), (101) und (110); weiteres s. dort.

kalifeldspatfreien Einschaltungen ($\delta$) könnte man an eine Totalzuführung denken. Anderseits ist der Anorthitgehalt der Plagioklase so niedrig, daß man — unter der Voraussetzung, daß ein Orthogestein bzw. ein Gestein mit Orthoanteil vorliegt — eher eine Kalifeldspat-Plagioklas-Quarz-Biotitparagenese annehmen würde. Hätte man nicht die Übergänge zu den Gesteinen mit Kalifeldspateinwanderungsbahnen und -schleiern und letztlich die Granitnähe, so müßte man diskutieren, ob nicht etwa die erhöhten Temperaturen (in der weiteren Umgebung des Assimilationskontaktes) bei gleichzeitiger Durchbewegung die korrosive Struktur des Gneises isochem, ohne Zufuhr, bewirkt haben könnte. — Einen wie großen Eigenanteil von Kalifeldspat man für den grauen Gneis man auch annehmen mag, das ändert nichts an der Zweiteilung der Aschbacher Gesteine in einen Gneis und den Granit. Im Gegenteil, je weniger die Kalifeldspat*zufuhr* bei der modalen Zusammensetzung des Gneises betont wird, um so weniger haben Granit und Gneis gemeinsam, um so selbständiger wird der graue Gneis.

Zu bemerken ist, daß der Anorthitgehalt der pegmatitischaplitischen Durchfächerung sich wenig von dem der durchfächerten Gesteine unterscheidet. Man ist sicher nicht berechtigt, aus dieser $\pm$ Gleichheit eine sekundär entstandene oligoklasstabile „gemeinsame Fazies" abzuleiten. Es führen nämlich auch andern Ortes die Trümer des Trommgranites keinen saureren Plagioklas. Daß die injizierten bzw. metasomatischen Gneise den gleichen Anorthitgehalt wie die Trümer haben, ist mithin „zufällige" Gegebenheit.

Hingegen verdient eine Überlegung die Tatsache, daß die Plagioklase der Trümer in der Regel[1] intakter, d. h. weniger zerizitisiert sind als die Plagioklase der durchtrümerten Gesteine: Das wird verständlich, wenn wir annehmen, daß die Mineralien im Trum, also Kalifeldspat, Plagioklas und Quarz, im Gleichgewicht sind, mithin ohne gegenseitige Korrosion zur Ausscheidung kommen konnten, während die Neubildung des Kalifeldspates im Nebengestein auf Kosten der Plagioklassubstanz (und seines Platzes) ging, so daß der gleiche Plagioklas, der im Trum stabil ist, sich im Metasomatit als instabil erweist.

---

[1] Einige ausgesprochen rote Aplite machen eine Ausnahme. In ihnen ist der Plagioklas völlig serizitisiert, Biotit chloritisiert, das rote Pigment wandert in die Serizite, wird aber vom Quarz nicht eingelassen und lagert sich an den Korngrenzen an (s. bei „rote Gneise").

### III. Gefügeanalyse.

Der Gefügeanalyse liegen 18 Diagramme von Aschbacher Gesteinen zugrunde. Zu Vergleichszwecken wird noch das Diagramm VI vom Böllsteiner herangezogen. — Herrn stud. min. FRENZEL danke ich für Mithilfe bei der Herstellung der Diagramme.

Das Material ist in der Tabelle III zusammengestellt und soll folgendermaßen besprochen werden:

1. Ungewälzte Diagramme, entnommen nach den im Gelände erkennbaren Gefügebeziehungsrichtungen. Biotit- und Quarzdiagramme synoptisch.

2. Gewälzte Quarzdiagramme; neue Zeichenebene E—W saiger.

3. Vergleich von horizontal gewalzten Böllsteiner und Aschbacher Diagrammen.

Die Schliffentnahme erfolgte stets so, daß die Schliffebene saiger steht.

Im Diagramm dargestellt wird die obere Halbkugel.

Bei der Wälzung dieser Diagramme in E—W saiger wird stets die Außenkugel von S gesehen, so wie es schon bei dem Diagramm IX des Weschnitzmylonites der Fall war.

Eine geringe Neigung des Schliffes (D XII, XIII) um die saigere Lage wurde bei dem ungewälzten Diagramm außer acht gelassen, bei der Wälzung in E—W saiger aber korrigiert.

Zur Auszählung.

Die S. 25 beschriebene Methode der abgekürzten Auszählung grenzt mit Hilfe eines fest unter das auszuzählende Diagramm gelegten Netzes aus Quadratzentimetermaschen die Nullfelder ab und ermittelt die Maxima durch Schätzung auf Grund der Punktanzahl je Quadratzentimeter; der Diagrammdurchmesser beträgt 20 cm.

Die Methode ist also ebenso „unexakt" wie die Detailwiedergabe eines mit einem Raster reproduzierten Bildes. Die Nullfelder werden breiter, die Zonen erscheinen etwas schmaler und die Maxima steiler; das kann neben der schnelleren Auswertung im Einzelfall ein weiterer Vorteil sein.

Unabhängig von der Gesamtpolzahl des jeweiligen Diagrammes werden die Abgrenzungen von Feldern gleicher Besetzung nach der absoluten Punktdichte vorgenommen. Das heißt:

0 Punkte je cm²-Masche ergeben das Besetzungsfeld 0 (ohne Signatur)

| | | | | | | |
|---|---|---|---|---|---|---|
| 1 | ,, | ,, | ,, | ,, | ,, | 1 (punktiert) |
| 2 | ,, | ,, | ,, | ,, | ,, | 2 (gestrichelt) |
| 3 | ,, | ,, | ,, | ,, | ,, | 3 (kariert) |
| 4 und mehr je | ,, | ,, | ,, | ,, | 4 (schwarz) |

Die relative Prozentbewertung gewinnt man durch Berücksichtigung der jeweiligen Gesamtpolzahl. Hat man abgekürzt ausgezählt, so muß man zur Eichung der absoluten Punktdichtefelder folgendes machen: Man zählt ein einzelnes Maximum nach SANDER aus, ermittelt den üblichen Prozentwert und erhält einen Faktor, mit dem die absolute Punktdichte zu multiplizieren ist.

Die absolute Punktdichte ist direkt dem Diagramm zu entnehmen. Die Prozentbewertung üblicher Angabe ist in der Tabelle III angegeben. Es bedeutet z. B. 265 Quarze (0/1/2,5/3,5/5),

daß das 0-Feld der absoluten Dichte der 0 %-Besetzung

| | | | | | | | | |
|---|---|---|---|---|---|---|---|---|
| ,, | ,, | 1- | ,, | ,, | ,, | ,, | ,, 1 | ,, |
| ,, | ,, | 2- | ,, | ,, | ,, | ,, | ,, 2,5 | ,, |
| ,, | ,, | 3- | ,, | ,, | ,, | ,, | ,, 3,5 | ,, |
| ,, | ,, | 4- | ,, | ,, | ,, | ,, | ,, 5 | ,, entspricht. |

Tabelle III. *Gefügediagramme der Aschbacher Gneise und Mischgesteine.*

| Gestein | Diagramm | Mineral/Auszahlung | Modus des eingemessenen Minerals | Im Schliff ferner | |
|---|---|---|---|---|---|
| | | | | Kalifeldspat | Plagioklas |
| *1. Profil vom nördlichen Straßenbruch.* | | | | | |
| Grauer Gneis (α), mittlere Zusammensetzung | X<br>XI<br>XIa | 200 Biotite<br>215 Quarze (0/1,5/3/4,5/6)<br>dto. E—W gewälzt | 12,5<br>37 | 11 | 39,5 |
| Roter Gneis (β) | XII<br>XIII<br>XIIIa | 148 Biotite<br>100 Quarze (0/3/6/9/12,5)<br>dto. E—W gewälzt | 6<br>10 | 44 | 40 |
| Pegmatit (ε) | XIV<br>XV<br>XVa | 92 Biotite<br>290 Quarze (0/1/2/3/4,5)<br>dto. E—W gewälzt | 3,5<br>25 | 36 | 35,5 |
| Aplit (ζ) | XVI<br>XVII<br>XVIIa | 70 Biotite<br>265 Quarze (0/1/2,5/3,5/5)<br>dto. E—W gewälzt | 4<br>21 | 26 | 49 |
| *2. Profil aus dem mittleren Straßenbruch.* | | | | | |
| Roter vergneister Gang (β)?, (ζ)? | XVIII<br>XIX<br>XIXa | 71 Biotite<br>430 Quarze (0/0,75/1,5/2/3)<br>dto. E—W gewälzt | 1,5<br>22 | 56 | 20,5 |
| *3. Detail aus dem südlichen Straßenbruch.*<br>Injektionsartiges Mischgestein ($\alpha_{Gr} + \delta$). (Abb. 29g). | | | | | |
| Granitoide Partie ($\alpha_{Gr}$), in der Abb. richtungslos gestrichelt | XX<br>XXI<br>XXIa | 18 Biotite<br>160 Quarze (0/2/4/6/8)<br>dto. E—W gewälzt | 1,5<br>37 | 31 | 30,5 |
| Aus der Biotitschleppung (mit hellen Anteilen) Mitte der Abb. | XXII<br>XXIII<br>XXIIIa | 49 Biotite<br>230 Quarze (0/1,5/3/4/5,5)<br>dto. E—W gewälzt | 3<br>26 | 41 | 30 |
| Helle Anteile (Abb.: punkt.) biotitdurchzogen ($\alpha_{Gr} + \delta$) Abb. rechts | XXIV<br>XXV<br>XXVa | 87 Biotite<br>270 Quarze (0/1/2,5/3,5/5)<br>dto. E—W gewälzt | 6<br>29 | 32 | 33 |

Helles Trum (Abb. 29e) rechts zeigte bei 160 Quarzpolen keine Regelung. Biotit fehlt.

| Gestein | Diagramm | Mineral/Auszahlung |
|---|---|---|
| *4. Straßenbruch, Nordteil.* | | |
| Grauer Gneis (α) | XXVI<br>XXVIa | 148 Quarze (nicht ausgezählt).<br>dto. E—W gewälzt (überschlägig ausgezählt). |
| Anteil (δ) | XXVII<br>XXVIIa | 155 Quarze (nicht ausgezählt).<br>dto. E—W gewälzt (überschlägig ausgezählt). |

(α) und (δ) kombiniert XXVI + XXVII.

Von allen vorgenannten Diagrammen ist die obere Seite (Außenansicht) der Lagenkugel dargestellt. Nur für die Vergleichsdiagramme

Anteil (δ) in grauem Gneis XXVII (mit 155 Quarzen) horizontal gewälzt
$G_2$-Böllstein (Langenbrombach) VI (mit 250 Quarzen) horizontal gewälzt

wurde die Hohlkugel dargestellt. Man gewinnt ja diese Ansicht aus der (Außenansicht der) oberen Kugelhälfte durch Drehung des Diagrammes um 180° über der fixen Kompaßrose.

Es sei hier darauf hingewiesen, daß bei der üblichen Prozentbewertung, bei der z. B. ein Punkt in einem 100-Quarzdiagramm dreimal soviel Gewicht bekommt wie der entsprechende Punkt in einem 300-Quarzdiagramm, die numerische Prozentgleichheit in Wirklichkeit ungleich bewertet werden muß. Das unmittelbare Auftragen der absoluten Punktdichte vermeidet eine Täuschung über die methodische Sicherheit (Fehlerbreite).

Die Biotite wurden nicht ausgezählt, weil man sich so ein besseres Bild von der diffusen bis gürtelartigen Anordnung der Einzelindividuen machen kann.

### a) Einzelbesprechung der Diagramme
s. zunächst die den Diagrammblättern vorangestellte Tabelle III.

*1. Ungewälzte Diagramme, Biotit und Quarz synoptisch.*
*Diagrammblätter 1—4.*

Zu den Gefügekoordinaten: Im Gelände deutlich zu erkennen ist die flache Lage der Paralleltextur. Sie ist deutlicher als die Biotitdiagramme zeigen wollen. Das beruht auf der Lagenanordnung hell/dunkel und auf dem länglichen Wachstum der Feldspate in Richtung der PT-Fläche.

Vor allem aber ist zu bemerken, daß die zopfartigen Biotitüberindividuen als ganze straffer geregelt sind als die Einzelbiotite im Zopf. Ein Biotitzopfdiagramm würde also deutlichere Regelungsbilder zeigen als die Biotit-Einzelindividuumdiagramme. Die Normale der PT-Fläche, als $z$ anzugeben, schwankt allseitig um den Zenit innerhalb eines Kegels von etwa $25°$Öffnungswinkel $(2r = 50°)$. Der Diagrammpunkt läge also (bei unserer stets saigeren Schlifflage) auf der oberen bzw. unteren Polkappe.

Was im Gelände bisweilen als lineares Element auftritt und als Normale zur Flaserung[1] gelegentlich angegeben wird, nämlich die Richtung N 60 W, stellt sich im Diagramm (X, XI; XXVI + XXVII) als Achse eines diffusen Gürtels bzw. Kleinkreises sowohl der Biotite wie der Quarze dar. Da diese Zone sich bei den grauen Gneisen in ein 2-Gürtelbild des hellen Anteils (XXVI) und ein 2-Gürtelbild des dunklen Anteils (XXVII) aufteilen läßt, wie es im Diagrammblatt 3 gezeigt wird, so stößt eine Festlegung der Koordinaten $x$ und $y$ auf Schwierigkeiten. Es überlagern sich mehrere

---

[1] Die Flaserung „zieht" (d. h. streicht) dann N 30 E. Auch wenn von *magmatischer* Flaserung gesprochen wird, soll doch nicht etwa gesagt werden, daß das „ziehen" der Flaserung dem „magmatischen Strömen" entspräche. Vielmehr würde man N 30 E als b-Achse ansehen. — Wo aber bleibt der ac-Gürtel?

Pläne. Daß aber in den Diagrammen jeweils die für den (eigentlichen) Böllsteiner typische Komponente auch hier wirksam gewesen ist, zeigen erst die gewälzten Diagramme.

### 2. Gewälzte Diagramme von Quarz; neue Ebene E—W saiger. Diagrammblatt 5—7.

Die Wälzung ist notwendig, um die Diagramme in eine einheitliche Ansicht zu überführen und um die geographische Orientierung des Beanspruchungsplanes festlegen zu können. Aus der Betrachtung der gewälzten Diagramme läßt sich folgendes feststellen:

In den grauen Gneisen ist die Polverteilung auflösbar in ein Koordinatensystem, dessen eine Richtung N—S ist und dessen andere Richtung annähernd der Vertikalen entspricht.

In den Trümern ist die Polverteilung nur teilweise auf das Koordinatensystem der grauen Gneise beziehbar, aber es tritt hinzu ein Gürtel mit der Achsenrichtung NW.

Die grauen Gneise sowie ihre Einlagerungen und ein Teil der Trümer, die als rote Gneise bezeichnet wurden, sind ohne Rücksicht auf gegenseitige Grenzen einsinnig verformt. In anderen Trümern überwiegt das NW-SE-Element. Die jüngsten Trümer sind nicht verformt.

Bei den injektionsartigen Mischgesteinen fahren die Gefügekoordinaten einer Wellung nach. In der NW-Richtung, die nun als Element der Flaserung zu nennen ist, erscheint das Hauptmaximum; geschlossene Gürtel treten zurück.

Das in den (gewälzten) Diagrammen links oben erscheinende Maximum (zum Teil mit $z$ identisch) tritt durchläuferartig in Gneisen, Trümern und Mischgesteinen auf.

### 3. Horizontal gewälzte Diagramme. Diagrammblatt 8.

Die Wälzung in diese Lage erfolgte, weil die Diagramme vom Böllsteiner die im 1. Teil der Arbeit besprochen wurden, horizontale Orientierung hatten.

### b) Zusammenfassung.

Die Gefügediagramme bestätigen zunächst die Zweiteilung von Vergneisung und Flaserung.

Es kann ferner festgestellt werden, daß zur Zeit der Granitintrusion, also zur Zeit der injektiven und metasomatischen Beeinflussung der Gneise, also zur Zeit der Flaserungsausbildung in der Assimilatzone, eine tektonische Beanspruchung des Gesamtkomplexes stattfand. Sie klingt ab vor der Injektion der letzten Trommgranittrümer.     (Laufender Text siehe S. 98.)

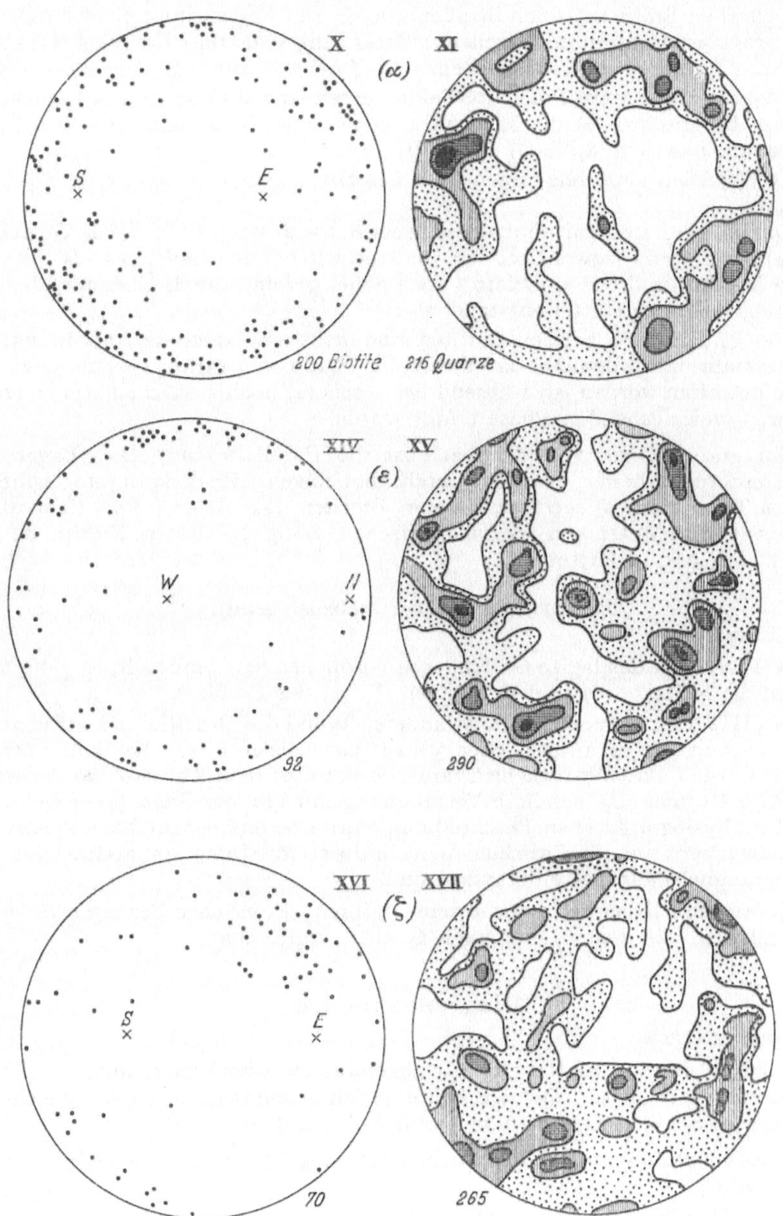


Diagrammblatt 1.

## Diagrammblatt 1.

Grauer Gneis ($\alpha$), diskordanter Pegmatit ($\varepsilon$) und noch jüngerer Aplit ($\zeta$) vom gleichen Profil (nördlich Straßenbruch). Der Pegmatit ist nicht durchweg grobkörnig, sondern zuweilen mittelkörnig-schlierig. Umgekehrt hat der Aplit gröber-granitische Stellen.

Trotz der absoluten Poldichte-Felderabgrenzung sind bei den 215 Quarzen des Diagramms ($\alpha$) die Maxima ausgeprägter als bei dem 265 Quarzdiagramm, das dem Aplit ($\zeta$) zugehört.

Das ($\varepsilon$)-Diagramm zeigt einen Unterbesetzungsgürtel, dessen Achse N—S verläuft.

Der im Diagramm mit zentral gelegener Achse ausstechende diffuse Gürtel bei ($\alpha$) — und zwar sowohl bei den Quarzen wie bei den Biotiten — ist, wie schon erwähnt und wie auf Blatt 3 noch näher gezeigt, durch Übereinanderlagerung mehrerer Gürtel entstanden.

Bei ($\zeta$) zeigt sich bei den Biotiten eine mehr einpolbetonte Anordnung; man könnte daran denken, daß der Aplit ($\zeta$) nur von einer Vergneisungsphase betroffen worden ist, während der Gneis ($\alpha$) noch zusätzlich von einer weiteren, vorangehenden Phase erfaßt wurde.

(Im grauen Gneis von Aschbach ist die Paralleltextur, das „Lager" der Steinbrucharbeiter, deutlich durch Biotitlagen. Ein diskordanter Aplit $\zeta_1$ [des Tromgranites] setzt mit seinem Biotiten das „Lager" fort. Er wird seinerseits durchsetzt von einem aplitischen Gang $\zeta_2$, dessen Biotite das Lager aber nicht fortsetzen.)

## Diagrammblatt 2 (nebenstehend).

„Rote Gneise."

XII, XIII ist das lagige Gestein vom nördlichen Straßenbruch; es gehört also in die Reihe ($\alpha + \gamma$ und $\delta$), ($\beta$), ($\varepsilon$), ($\zeta$), ($\eta$) des Profils.

XVIII, XIX stammt von einer anderen Wand des Bruches. Es ist nicht auszumachen, ob es mit ($\beta$) oder ($\zeta$) zu parallelisieren ist. Es muß aber betont werden, daß der rötliche Charakter erst dort deutlich wird, wo dieses ($\zeta$)-artige Gestein eine nebulose Vermischung mit grauem Gneis ($\alpha$) eingeht. Bei der physiographischen Beschreibung wurde bereits darauf hingewiesen, daß möglicherweise alle rötlichen Abarten durch Mischung von aplitartigem und Graugneis-Material entstanden sind.

Jedenfalls zeigen die roten Gesteine in ihrer tektonischen Beanspruchung Gefügebilder, die denen der grauen Gneise vergleichbar sind.

## Diagrammblatt 3.

Grauer Gneis.

Analyse des auf Blatt 1 (X, XI) abgebildeten Kleinkreises mit N 60 W gerichteter horizontal liegender Achse durch Kombination zweier gleichorientierter Schliffe, der eine von Typus $\delta$, der andere von Typus $\alpha$.

Das Einzeldiagramm ($\delta$), also XXVII, zeigt 2 Gürtel, die sich in S schneiden.

Das Einzeldiagramm ($\alpha$), also XXVI, hat an Stelle des einen durch S gehenden Gürtels ein neues gürtelartiges Element.

Die Einmessung dieser hellen Varietät ($\alpha$) und die gleichorientiert entnommene der dunklen Einlagerung ($\delta$) werden zur Deckung gebracht: das kombinierte Bild gibt den Kleinkreis normal zur „Flaserrichtung".

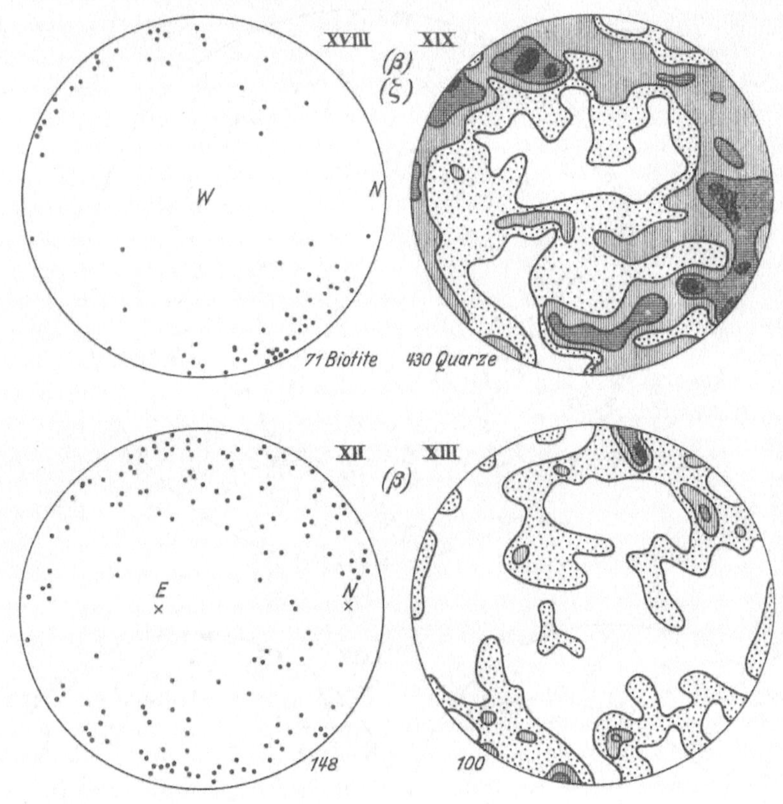



Diagrammblatt 2.

Diagrammblatt 4.

Injektionsartiges Mischgestein ($\alpha_{Gr} + \delta$); Abb. 29g. — Die Schliffabnahme erfolgte untereinander parallel auf einer Platte von etwa 30 cm Länge.

Das $\pm$ massige, granitoide Gestein (auf der Abbildung links unten) des Diagrammes XX, XXI hat vergleichbare Symmetrie mit dem gleichmäßig durchmischten Anteil des Diagrammes XXIV, XXV (auf der Abbildung rechts oben).

Hingegen weicht die Verteilung der Maxima des mittleren Diagrammes von der des oberen und unteren Diagrammes ab: Der Schliff ist dort entnommen, wo die flächig angeordneten Biotitlagen eine Biegung (Schleppung) erfahren haben: Mitte der Abbildung. Die Biegung gibt sich auf dem Diagramm in der unterschiedlichen Lage von $z$ (gegenüber XX, XXI und XXIV, XXV) zu erkennen.

Die Tatsache, daß die sichtbare Wellung nicht nur durch die Biotite abgebildet wird, sondern sich auch in der Regelung der Quarze wiederfindet, gibt zu erkennen, daß hier keine postintrusive Vergneisung erfolgte,

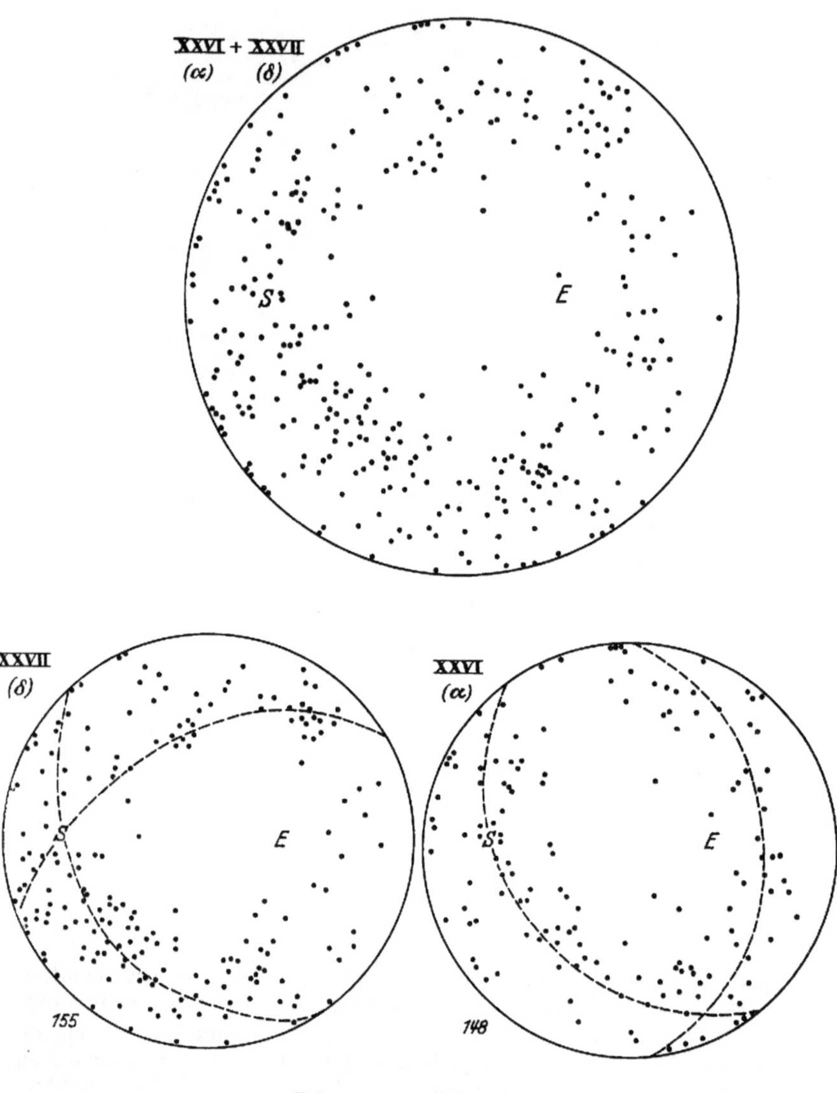


Diagrammblatt 3.

bei der alle vorliegenden Texturen einsinnig überformt worden wären,
von der Wellungen usw. nur als reliktische Zeichnungen zu werten wären.
Das ist nicht der Fall: Wir haben ein injektives Formbild, bei dem das
Gefügeachsenkreuz $x\,y\,z$ die jeweiligen Wellungen mitmacht.

Hierdurch unterscheiden sich die Diagramme dieses Blattes von den
Gefügen der 3 vorigen Diagrammblätter.

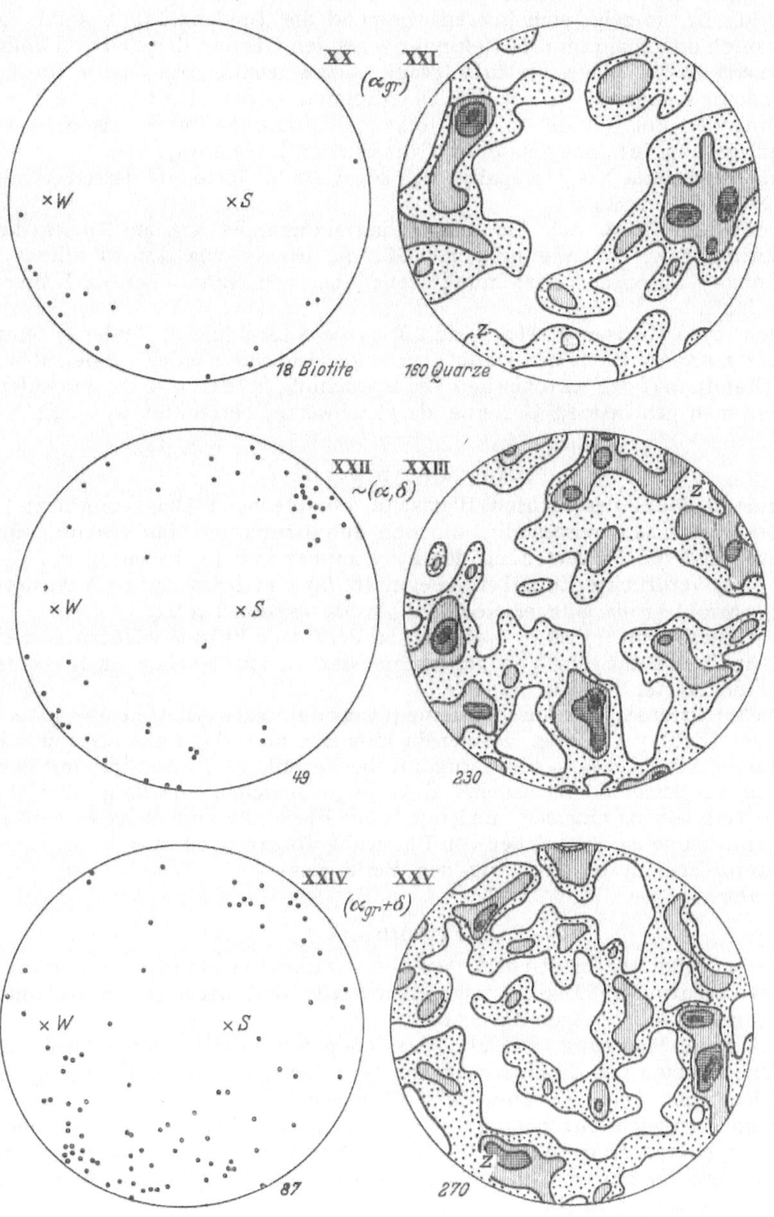


Diagrammblatt 4.

Diagrammblatt 5 (nebenstehend).

Vergleichen wir die Diagramme der grauen und der roten Gneise nach der Wälzung, so zeigt sich übereinstimmend die Tendenz zur Ausbildung eines durch den Diagramm-Mittelpunkt gehenden Gürtels, der steil von links oben nach rechts unten verläuft (graue Gneise rechts, rote Gneise links).

Sodann erkennen wir auf den Diagrammen XI a und XIX a eine Verstärkung der Belegdichte auf der linken Diagrammhälfte so, als ob eine Polverlagerung des obengenannten Gürtels nach links erfolgt sei.

Auf Diagramm XXVI a spaltet sich sogar ein 2. Gürtel ab, dessen Achse ann. NW—SE verläuft.

Außerdem finden wir bei den 3 Diagrammen der grauen Gneise die Andeutung bzw. Ausprägung eines Gürtels, der — wie der zu allererst genannte — durch den Mittelpunkt geht, aber von rechts oben nach links unten läuft.

Den roten Gneisen XIII a (gleich $\beta$) sowie XIX a (gleich $\beta$ oder $\zeta$) fehlt das letztgenannte Element. Dafür aber sind sie untereinander vergleichbar. Vom Standpunkt der tektonischen Beanspruchung müssen also die zu beiden Diagrammen gehörenden Gesteine als gleichwertig betrachtet werden.


Diagrammblatt 6.

Hier sind auf der rechten Blattseite, entsprechend Diagrammblatt 1, die Gesteine zusammengestellt, die sich durchtrümern. Man erkennt nun deutlich, daß die Polverteilung des Diagrammes von ($\alpha$) in bezug auf die nach links verdrückte Zone beim Pegmatit ($\varepsilon$) und beim Aplit ($\zeta$) wiederkehrt, obwohl ja die Gangerstreckung jeweils verschieden ist.

Das Diagramm ($\varepsilon$) zeigt zusätzlich zu dem nach links gewölbten Gürtel einen (in bezug auf den Vertikaldurchmesser) symmetrischen nach rechts gewölbten Gürtel.

Die injektionsartigen Mischgesteine (Diagrammblatt 4) hatten eine andere Lage der Dichteverteilung. Immerhin läßt sich aber das links abgebildete Diagramm XXV a ($\alpha_{Gr} + \delta$) in bezug auf die Verteilung der Maxima mit den Gneisen vergleichen. Es scheint Übergänge zwischen einsinnig überfahrender Vergneisung einerseits und injektiver Flaserung anderseits zu geben. Die Vergneisung ist aber sicher von Flaserung abzutrennen, mithin liegt das Hauptproblem in der Deutung des Verhältnisses von Vergneisung und Flaserung.

Diagrammblatt 7.

Die 3 Stufen der injektionsartigen Mischgesteinsausbildung, deren gegenseitiges Verhältnis auf Blatt 4 besprochen wurde, sind hier nach der Wälzung den grauen Gneisen gegenübergestellt.

Bei der Erläuterung zu Blatt 6 war eben festgestellt worden, daß von den Diagrammen der durchtrümernden Gesteine ein gewisser Übergang zu dem Diagramm des injektionsartigen Mischgesteins bestünde.

Beim Vergleich mit dem grauen Gneis selber aber ist ein derartiger Übergangscharakter nicht festzustellen. Demnach vermitteln die Durchtrümerungen im grauen Gneis zwischen dem „nur vergneisten" und dem „nur geflaserten" Gestein.

Läßt man also, wie auf diesem Blatte 7, die Diagramme der Trümer weg, so stehen sich im grauen Gneis und im Assimilatgestein verschiedenartige Regelungen gegenüber.

In der schon genannten NW—SE-Richtung zeigt sich bei XXI a und bei XXV a das Hauptmaximum.

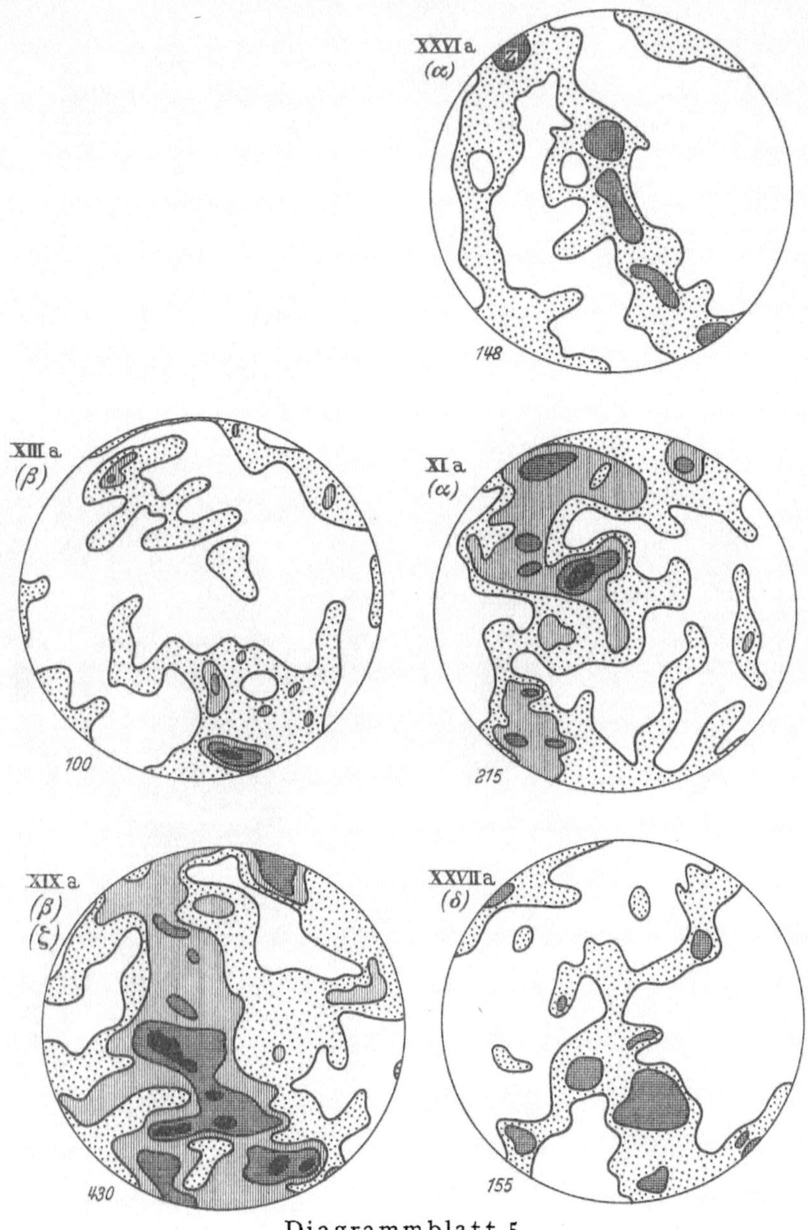



Diagrammblatt 5.

Der in den dunklen Anteilen (δ) des Gneises fehlende, in den hellen Anteilen (α) auftretende und sich bei den Trümern im Gneis ebenfalls zeigende
Gürtel, der sich am (linken) Rande des Diagramms entlangwölbt, könnte
eventuell in der Wiederholung randlicher Maxima der Diagramme XXIII a
und XXV a wiedererkannt werden, es wäre ein Gürtel mit Achse NW—SE!

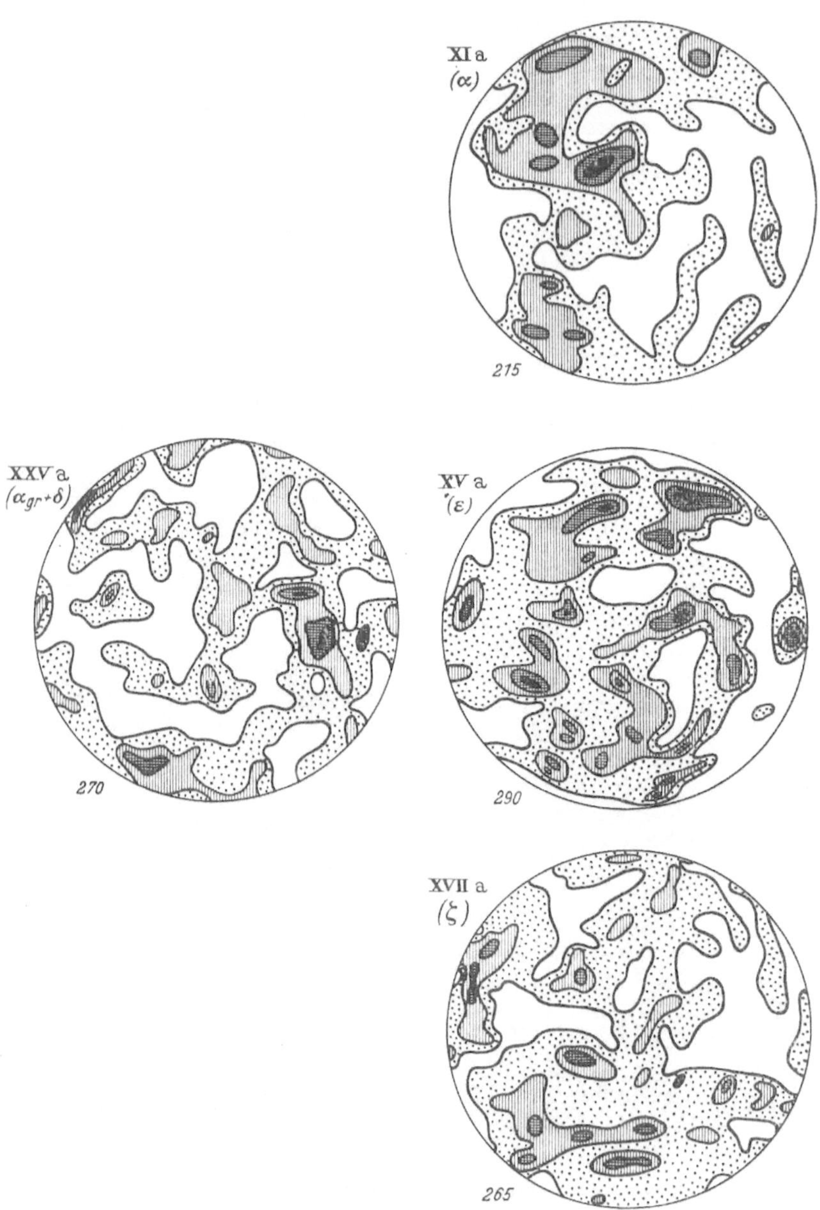



Diagrammblatt 6.

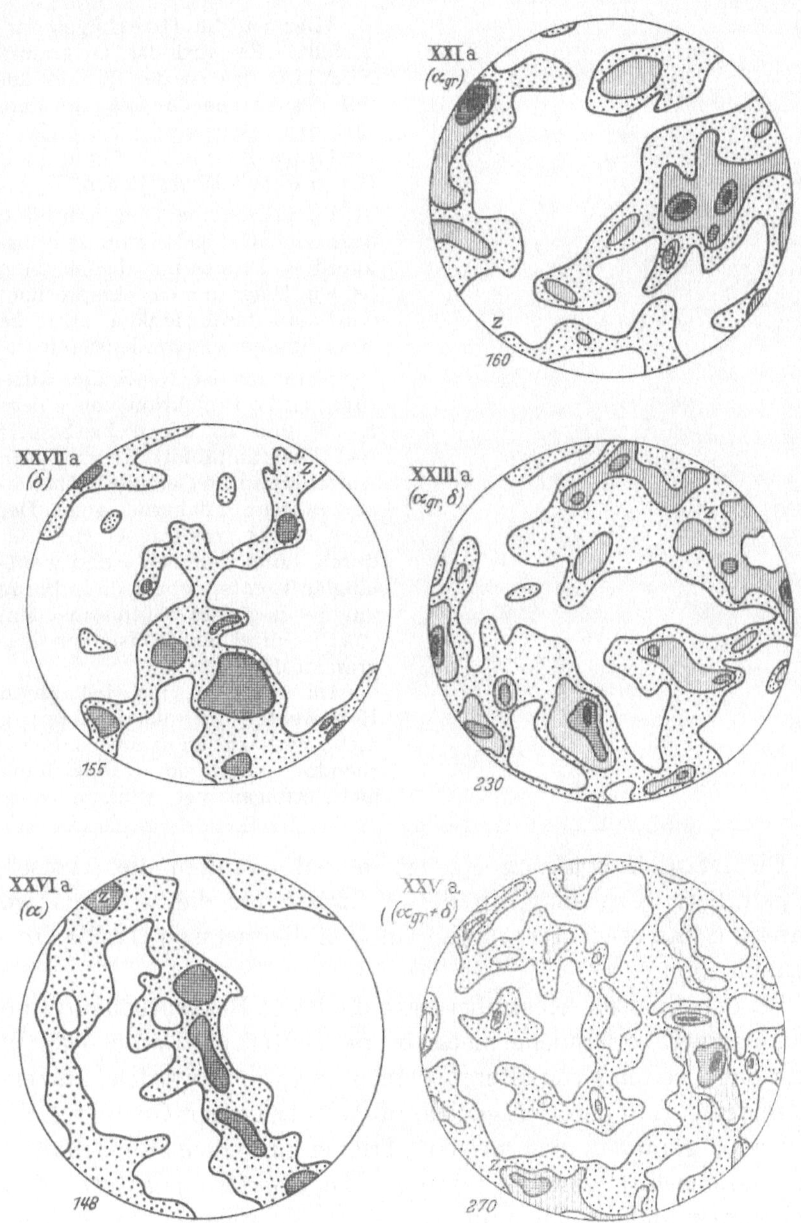



Diagrammblatt 7.

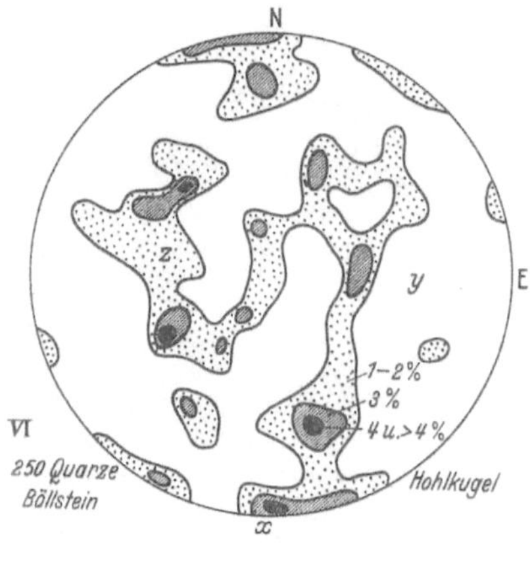



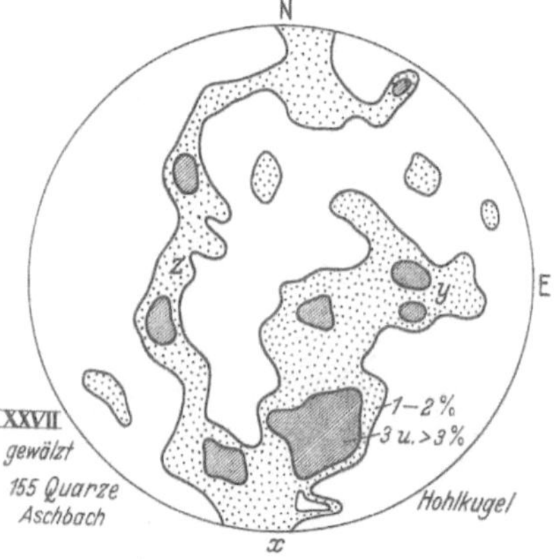



**Diagrammblatt 8**
(Horizontalwälzung).

Hier ist die Hohlkugel dargestellt! Es wird das Diagramm XXVIIa, das ist der dunkle Anteil des grauen Gneises mit dem für den Böllsteiner beispielhaften Langenbrombacher Granitgneis (Diagramm VI) verglichen.

Vom Böllsteiner Diagramm sind aber die Gefügekoordinaten bekannt. — Da sich nun die Gürtel in beiden Diagrammen entsprechen, wird man daran denken, auch die Koordinaten zu parallelisieren.

Demnach ist N—S die Richtung $x$; die Projektion von $y$ liegt E—W und ist oft nicht besetzt (vgl. Diagrammblatt 5); $z$ ist den Aufschlüssen im Gelände entnehmbar, es steht annähernd saiger. Der nach rechts gewölbte Gürtel, der durch $x$ und zwischen $z$ und $y$ entlangläuft, entspricht auch in bezug auf die Lage des Maximums dem $[0kl]_\mathrm{I}$-Gürtel des Böllsteiner Diagrammes.

Da ein Plan mit bekannten Koordinaten für die Flaserung nicht vorliegt, kann eine entsprechende Koordinatenvergleichung nicht erfolgen, vgl. Anm. S. 87.

---

Die letzte Einwirkung erzeugt in den Graniten die (typisch Bergsträßer) Körnelung, in der Assimilatzone die wellig lagige Flaserung und erleichtert in den Gneisen die metasomatische Umkristallisation.

Bei den Gneisen selbst überprägt die letzte Beanspruchung eine schon vorher vorhandene metamorphe Textur und kann deshalb nicht ohne weiteres von älteren Plänen abgetrennt werden; immerhin finden sich in den Gefügediagrammen der grauen Gneise relativ zu den Diagrammen „vergneister" Trümer zusätzliche Elemente. — Im Granit selbst wird die tektonitische Überformung durch den hochteilbeweglichen Zustand zur Zeit der Beanspruchung verwischt. Dementsprechend geben die Assimilate den Gefügeplan dieser späten Einwirkung besser wieder: Das Hauptmaximum des Gefügeplanes liegt $\pm$ horizontal NW-SE, also quer zur varistischen

Streichrichtung, was einer Zusammenschubrichtung der varistischen Schieferzüge entsprechen würde. — Die Gefügekoordinaten schwanken (relativ zur geographisch-räumlichen Orientierung) mit der welligen Lage der hellen injektionsartigen Anteile.

In dem Maße, wie der Graniteinfluß abnimmt und statt der Flaserung die einsinnige Vergneisung beobachtet wird, fallen die Wellungen weg. Der Gneisbeanspruchungsplan hat sein $x$ in Richtung N—S, wie im Böllsteiner Granitgneis. Das Noch-Vorhandensein einer Zone mit NW-SE-Achse zeigt den Einfluß der letzten Überformung zur Zeit der Flaserungsausbildung.

Auf eine Einbeziehung der älteren Trommgranittrümer in die Paralleltextur, die sowohl in der Assimilatzone wie im Gneis flach liegt, wurde bereits hingewiesen.

Insgesamt haben wir folgenden Entwicklungsgang:

A. Edukte der Aschbacher Gneise:

1. graue plagioklasreiche Gesteine,
2. Injektion rötlicher, kalifeldspatreicher Gesteine;

Metamorphose von 1. und 2. unbekannten Alters.

B. Intrusion des Trommgranites (mit Injektionen und Kalifeldspatungen):

3. Injektion in den Gneis;

gleichzeitige orogenetische Bewegungen erzeugen

4. Ausbildung der Assimilatgesteine (Flaserung),
5. tektonitische Überprägung der Gneise und Trümer;

posttektonischer Ausklang der Intrusion liefert noch

6. Injektionen in Gneisen und Assimilaten, die nicht überformt sind.

Die Trümer sind also das „missing link" zwischen dem kombinierten Vergneisungs + Flaserungsplan der Gneise und dem „einfachen" Flaserungsplan der Assimilatgesteine.

Dieser prinzipiellen Klärung stehen Schwierigkeiten im einzelnen gegenüber:

a) Die Trennung von 1. „nur" Flaserung (Assimilate),
2. Flaserung über Vergneisung (Metasomatite),
3. „nur" Vergneisung (granitferne Ausbildung)
ist nur in Einzelfällen durchführbar.

b) Man kann zwar Trümer, die nach der PT des Wirtes gehen (die also das „Lager" fortsetzen), von solchen unterscheiden, deren Biotitzüge der diskordanten Erstreckung des Ganges folgen (die also das „Lager" unterbrechen), aber man kann oft nicht (im grauen Gneis diskordante) rote Gneise der Stufe 2 von solchen Trommgranittrümmern unterscheiden, die die letzte orogenetische Bewegung noch mitbekommen haben (Stufe 5).

c) Die Gefügebilder von grauem und rotem Gneis unter sich sind nicht übereinstimmender als die der Trümer unter sich und die mancher Trümer zu denen mancher Gneise. Die letzte Überprägung hat eben uniformierend gewirkt. Man darf daher hier die Gefügeanalyse nicht überfordern.

Die festgestellten Verhältnisse müssen nun auf ihre Stellung innerhalb des umfassenderen Planes der varistischen Orogenese im kristallinen Odenwald untersucht werden. — Zunächst seien die verschiedenen Standpunkte der Odenwaldbearbeiter nebeneinandergestellt:

v. BUBNOFFs Standpunkt in [16].

Der ältere Böllsteiner Granit (G) ist vergneist, der jüngere ($G_2$) nicht. Der jüngere Böllsteiner Granit ist gleichzusetzen dem jüngeren Bergsträßer Granit.

Das bedeutet für Aschbach folgendes:

Die vor der Intrusion des Trommgranites erfolgte Vergneisung betraf die grauen und roten Gneise. Die Trommgranittrümer bei Aschbach entsprechen mit ihrer nur teilweisen Einbeziehung in eine PT dem $G_2$ von Böllstein, insbesondere den diskordanten Einschaltungen um Langenbrombach.

v. BUBNOFFs Standpunkt in [42].

Der ältere und der jüngere Böllsteiner Granit sind vergneist. Der jüngere Böllsteiner Granit ist somit älter als der Bergsträßer Granit.

Das bedeutet für Aschbach folgendes:

Der graue Gneis entspricht dem älteren Böllsteiner Granit; der rote Gneis entspricht dem jüngeren Böllsteiner Granit. — Die Aschbacher Flaserung hat kein Gegenstück in der (engeren) Böllsteiner Kuppel.

Vom Verfasser diskutiert.

Die jüngste orogenetische Bewegung des varistischen Intrusionszyklus, die die typisch Bergsträßer Flasertextur erzeugte, war so bedeutend, daß auch ältere, bereits vorliegende Gesteine ohne Rücksicht auf ihre Textur derart überprägt wurden, daß eine Abtrennung des varistisch-synintrusiven Gefügeplanes von varistisch-präintrusiven oder gar prävaristischen Gefügeplänen erst im Einzelfalle durchgeführt werden muß.

Das bedeutet für Aschbach folgendes:

Der graue und rote Gneis sind vor der Trommgranitintrusion metamorph gewesen, aber in Granitnähe bei der Trommgranitintrusion insofern überprägt worden, als sie jetzt zusätzlich Gefügeelemente der Intrusionsflaserung aufweisen.

| Aschbach | Böllstein |
|---|---|
| Altbestand (Gneise) N—S-Plan | Altbestand (Schiefer) N—S-Plan |
| Assimilate (Flasergesteine) NW—SE-Plan | Assimilate (hybr. Gneise = Böllsteiner „Granit") N—S-Plan |

Infolge des längeren Anhaltens bzw. Wiederauflebens granitischer Intrusionen läßt sich zunächst immer noch nicht sagen, ob die Böllsteiner und Aschbacher Assimilate aus dem gleichen oder aus einem verschiedenen Magma gespeist worden sind.

KLEMMs Standpunkt (in seinen verschiedenen Arbeiten).

Der ältere und jüngere Granit im Böllsteiner sind nur „geflasert" und entsprechen dem älteren und jüngeren Granit des Bergsträßer Odenwaldes.

Das bedeutet für Aschbach folgendes:

Der graue Gneis ist mit den Böllsteiner Schiefern zu parallelisieren. Die Trommgranitassimilatgesteine entsprechen den Böllsteiner hybriden Granitgneisen (— die nach KLEMM keine „Gneise" sind).

D. SCHACHNER-KORN in [19][1].

Älterer und jüngerer Böllsteiner Granit sind ununterscheidbar. Der Gefügeplan, der die Böllsteiner Ausbildung schafft, insbesondere die E—W-Striemung, ist auch im Bergsträßer Odenwald nicht völlig verschwunden. Die Festlegung des Alters muß abhängig gemacht werden von der noch zu untersuchenden Art und Weise der Abschwächung des Böllsteiner Planes im Bergsträßer Odenwald.

Das bedeutet für Aschbach folgendes:

Wenn der N—S-Plan auch in jungvaristischen Einheiten des Bergsträßer Odenwaldes $\pm$ deutlich vorhanden ist, so fällt nicht nur die Flaserung bei Aschbach, sondern auch die Vergneisung in das Varisticum bzw. es ist (methodisch) nicht möglich, ältere (N—S-)Gefügepläne von jungeren (N—S-)Gefügeplänen abzutrennen.

Läßt sich nun eine Entscheidung zwischen diesen verschiedenen Stellungnahmen treffen? — Es sei hier nur auf folgendes hingewiesen:

Zwar wurde festgestellt, daß bei Aschbach die Flaserung (NW—SE-Plan) jünger ist als die Vergneisung (N—S-Plan). Anderseits überdeckt die flache Mylonitisierung, die sich über den Hornblendegneissockel der Zwischenzone schiebt, den Trommgranit, dessen Intrusion (bei Aschbach) der Flaserung gleichalterig ist. Der flache Mylonit hat aber einen N—S-Plan. Demnach ist der Flaserungsplan (mit NW—SE) bei Aschbach nicht sehr altersverschieden von dem Mylonitisierungsplan (mit N—S) der Zwischenzone. Denn es fallen beide in die Intrusionsperiode des Trommgranites (oder kurz danach), die allerdings — wie noch zu zeigen ist — längere Zeit gedauert haben muß.

Man hat es nun in der Hand, sich so oder so zu erklären:

Voraussetzung.

Die NW—SE-Flaserung ist der letzte tektonische Verformungsplan.

Der N—S-Plan geht der Flaserung zeitlich voraus.

Die N—S-Verformung der flachen Mylonite ist gleichsinnig der N—S-Verformung der Böllsteiner Gneise.

Folgerung.

1. Der N—S-Plan der (flachen) Mylonitisierung ist nur eine posthume Wiederholung von Böllsteiner Vergneisung. Die Böllsteiner Vergneisung ist demnach „alt", möglicherweise prävaristisch, oder aber

2. Der N—S-Plan der (flachen) Mylonitisierung ist der unmittelbare Abschluß der Böllsteiner Vergneisung. — Dann bestünde kein Hiatus zwischen

---

[1] Und nach mündlicher Stellungnahme anläßlich der Odenwaldexkursion der Mineralogischen Gesellschaft 1948.

varistischer Letztbeanspruchung und Vergneisung. Auch die vorletzte tektonische Phase (N—S-Plan) fiele noch ins Varisticum.

Für beide Möglichkeiten lassen sich Argumente anführen; sie sollen später besprochen werden.

Im Gegensatz zur Möglichkeit textureller Unterscheidungen ist nicht bekannt, nach welchen Gesichtspunkten eine stoffliche Unterscheidung von Graniten des Bergsträßer und von Granitgneisen des Böllsteiner Odenwaldes stattfinden könnte. — Eine Analysenzusammenstellung von Gesteinen aus dem vergneisten Anteil hat also nur den Sinn, eine Typenübersicht (in Tabelle IV) zu geben:

Tabelle IV. *Übersicht über die Niggliwerte. Analysen aus dem vergneisten Anteil des kristallinen Odenwalds (bzw. Vorspessarts).* Ausgewählt aus [11], [12].

| | (si) | (al) | (fm) | (c) | (alk) | (k) | (qz) |
|---|---|---|---|---|---|---|---|
| Grobkörniger Amphibolit<br>  Bockenrod/Böllstein . . | 80 | 27 | 40 | 30 | 3 | 25 | —32 |
| Granitgneis<br>  Wallbach/Böllstein . . . | 276 | 29 | 27 | 13,5 | 30,5 | 21 | +54 |
| Dunkler Granit(gneis)<br>  Bockenrod/Böllstein . . | 240 | 31 | 40,5 | 17,5 | 11 | 81 | +96 |
| Jüngerer flasriger Granit-<br>  gneis Aschaffenburg . . | 382 | 42 | 20 | 9,5 | 28,5 | 31 | +168 |
| Flasriger Biotitkörnelgneis<br>  Aschaffenburg . . . . . | 430 | 44 | 19,5 | 6 | 30,5 | 54 | +208 |
| Roter junger Granit<br>  nördlich Groß-Umstadt | 502 | 43,5 | 11 | 5,5 | 40 | 67 | +242 |
| $G_2$, jüngerer glimmerfreier<br>  Granitgneis. Brensbach | 511 | 55 | 3 | 4 | 38 | 49 | +259 |
| $G_2$, wie oben (glimmerarm)<br>Langenbrombach/Böllstein | 511 | 48,5 | 23 | 7,5 | 21 | 90 | +327 |

Auch die Gesteine, mit denen die Granite bzw. Granitgneise verzahnt vorliegen, sind stofflich überwiegend in beiden Odenwaldanteilen dieselben, nämlich Quarz-Biotit-Plagioklasschiefer und Amphibolite. — Eine Ausnahme macht der Aschbacher graue Gneis. Für ihn gibt es (wie verschieden man auch den ursprünglichen, vor der Granitmetasomatose vorhandenen Kalifeldspatanteil ansetzen will) kein entsprechendes Gestein andernortes.

Wir haben, so können wir es nun zusammenfassend beschreiben, ein überwiegend plagioklasführendes Gestein, das neben wechselnden, meist unbedeutenden Anteilen von Quarz sperrigen Biotit enthält. Abgebrochene Biotitleisten werden von blastischem Oligoklas pflasterartig umschlossen. — In dieses Gefüge schaltet sich (neben Quarz) filmartig, xenoblastisch Mikroklin. Biotit und Plagioklas werden abgebaut. Helle Glimmer finden sich sporadisch zwischen Kalifeldspat, dessen pflockstrukturartige Individuen in der Paralleltextur liegen. Charakteristisch sind Myrmekitwarzen sowie Rotquarze und rötlich gefüllte, serizitisierte Plagioklase.

Dadurch, daß bei Aschbach ein Assimilationskontakt mit weiterreichender Metasomatose besteht, wurde bisher wohl (Bergsträßer) Granit und Hybridgranit unterschieden, nicht aber Hybridgranit und (Böllsteiner) Gneis[1].

## H. Der Trommgranit
(Altbestände, Deformation, $G:G_2$-Verhältnis).

In den bisherigen Kapiteln wurden alle diejenigen Gesteine behandelt, die den Biotitgranit der Tromm umgrenzen.

Es müssen nun die innerhalb des Granites beobachtbaren Differentiationen und Assimilationen beschrieben werden. Bereits bei der Behandlung der Aschbacher Gesteine wurde auf die unterschiedliche Ausbildung der granitischen Anteile hingewiesen, porphyrartige und aplitische Typen traten auf. — Überblickt man das Gesamtmassiv, so ergibt sich folgende Verteilung der Varianten:

---

[1] So schreibt PFANNENSTIEL [61] (S. 7): „Am Westrande von Blatt Beerfelden unterscheidet KLEMM einen vorwiegend massig struierten Granit, den er als Granit von Waldmichelbach ausscheidet. Seine Korngröße ist schwankend; bei Affolterbach geht die massige Textur in eine deutlich gebänderte, parallele und flasrige Textur über. Der Übergang ist ganz allmählich. Ursache der flächenhaften Paralleltextur ist die Resorption von Schiefergesteinen. Dieser Granit wird von gangförmigen Nachschüben eines feinkörnigen Granites durchädert. Die Erscheinungen der Paralleltextur und die jüngeren Granitnachschübe lassen KLEMM (1900, 1923) vermuten, daß Verhältnisse vorliegen, wie sie im sog. Böllsteiner Odenwald anzutreffen sind. Der paralleltextierte Flasergranit würde dem älteren Böllsteiner Granit — BUBNOFFs Gneis — entsprechen; die gangförmigen Nachschübe dem jüngeren Böllsteiner Granit."

Nun nach der prinzipiellen Abtrennung von Flaserung und Vergneisung läßt sich die damalige Beschreibung wie folgt interpretieren:

Dort, wo der (während orogenetischer Bewegungen intrudierte) Trommgranit injektionsartig in die Rahmengesteine eindringt, entstehen hybridgeflaserte Typen. Dort hingegen, wo (im weiteren Vorfeld der Injektions- bzw. Imbibitionsfront) das Rahmengestein nicht oder nur metasomatisch verändert wird, überprägt die orogenetische Bewegung die (nun polymetamorphen) Gesteine und erfaßt auch die diskordanten Trümer in dem Maße, wie sie sich von dem granitischen Muttergestein in den Gneis hinein verlieren. Durch das Vorhandensein „magmanaher Flaserung" und „magmaferner Vergneisung" erhalten die Aschbacher Gesteine eine Mittelstellung zwischen Böllsteiner und Bergsträßer Odenwald.

Flache Lage von metamorphen Gesteinen findet sich sowohl im Schollenagglomerat wie im Böllsteiner Massiv. — Die Aschbacher Gesteine gehören insofern zum Bergsträßer Odenwald, als sie vom Granit assimiliert worden sind; aber die Assimilate samt den (älteren) Trümern gehören zum Böllsteiner Odenwald, insofern sie die Abschlußphase der tektonischen Einwirkung so erfaßt hat, daß (nicht Flaserungs-, sondern) Vergneisungstextur übriggeblieben ist.

Der Böllsteiner Odenwald ist der Teil des kristallinen Odenwaldes, in dem bei sonst gleichen Bedingungen eine tektonitische Einwirkung nicht Flaserung, sondern „nur" noch Vergneisung erzeugt, bzw. in dem ein flasrig intrudiertes Gestein mit metamorpher Textur abschließt.

Am Nordende, wo sich der Trommgranit gegen Osten mit Hornblendegneis, gegen Westen mit Hornblendegranit — jeweils mit Assimilationskontakt — verzahnt, ist (trotz einer Verruschelung durch die jüngere Mylonitisierung) eine gewisse porphyrartige Ausbildung durch große Kalifeldspate allenthalben festzustellen, Brombach und der Erzberg sind besonders zu nennen[1].

An der mittleren Tromm (um Hammelbach) läßt das porphyrartige Auftreten nach; die quarzreichen, oft biotitarmen Gesteine vom Wagenberg und vom Fahrenbacher Kopf sind grob-, aber gleichkörnig. Südlich von Hammelbach werden die Gesteine feinerkörnig.

Chelius kartierte hier einen Streifen Hornblendegneis (Gr[1] seiner Karte). Er scheidet das Gestein als durch Verwerfungen begrenzt aus. Wahrscheinlich hat ihn der Oberflächenknick des Streifens zwischen dem Ort Lützelbach im Osten und dem ansteigenden Wald im Westen dazu verleitet. Eine Gesteinsverschiedenheit ist aber nicht festzustellen. Ich habe daher in Übereinstimmung mit der Karte von Klemm den ganzen fraglichen Streifen zum Trommgranit gestellt: Hornblendegneis tritt also südlich Hammelbach nicht mehr auf. — Der Granit ist hier ein zum Teil mylonitisierter, ziemlich gleichkörniger, stellenweise pegmatitdurchsetzter Granit, der unter dem Buntsandstein verschwindet. (Diese Ungenauigkeit des Chelius in bezug auf die Ausscheidung des Gneises ist um so verwunderlicher, als er nördlich von Hammelbach die Grenze Gh gegen G richtiger angibt als Klemm.)

Südlich der Schard wird im Grus Muskovit auffällig, gleichzeitig steigt die Neigung zur Bildung von Kalifeldspatgroßkristallen. Das Gestein wird dadurch immer mehr der Heidelberger Granitausbildung ähnlich. Der Muskovit stammt aus gemischten Trümern, die einen rötlichen, muskovitführenden, aplitgranitischen Kern und einen muskovitreichen pegmatitischen Saum haben. Der Kern wird dünner und dünner, bis er verschwindet und reine Pegmatite übrigbleiben.

Solche feinkörnigen, muskovitführenden Granite wie in den Kernen des gemischten Trums finden sich weiter nach Süden, gegen Waldmichelbach, selbständig, mit verschieden scharf ausgebildeter Grenze gegen den porphyrartigen Granit. Verschleierte nebulitische Übergänge werden beobachtet. Klemm schematisierte das Auftreten dieser Komponente in der 2. Auflage seiner geologischen

---

[1] Obwohl anstehend nichts mehr zu finden ist, scheint sich eine aplitisch-pegmatitische Zone im Granit an der Grenze gegen den Hornblendegneis am Eckweg abzuzeichnen. Überhaupt ist der Granit auf dem Trommrücken schlecht aufgeschlossen. — Weiter südlich, bei Aschbach, tritt ebenfalls eine solche Randzone auf.

Karte durch die Eintragung G/$G_2$, d. h.: älterer flasriger bis porphyrartiger Granit wird durchtrümert von jüngerem feinkörnigen Granit.

Da KLEMM also selbständig auftretenden $G_2$ überhaupt nicht angibt und die $G_2$-Überzeichnung rein schematisch vornimmt, wurde der Typenverteilung nachgegangen, soweit Aufschlüsse dies zuließen.

Die Skizze ist im Min.Inst. Heidelberg einsehbar.

Hier sei nur darauf aufmerksam gemacht, daß

1. im feinkörnigen Granit (in folgendem immer als $G_2$ bezeichnet) keine aplitgranitischen Gänge auftreten, mithin also wohl die aplitgranitischen Gänge im porphyrartigen Granit (in folgendem: G) Apophysen des $G_2$ sind.

2. dort, wo solche Gänge $G_2$ in G durchsetzen, die „Porphyrartigkeit" des G größer ist als dort, wo solche Gänge fehlen.

Es zeigte sich, daß im Gebiet zwischen Borstein-Scharbach und dem Trommgipfel (Ireneturm) der ältere Granit (G) durchweg porphyrartig und $G_2$-durchtrümert ist. Südlich der Blattgrenze Lindenfels-Birkenau hält die porphyrartige Tendenz östlich des Gaderner Tales noch bis gegen Steckelsberg und Kotzenacker an, dann beginnen feinkörnige $G_2$-Typen. Westlich daneben (am südlichen der zwei Wagenberge des Trommrückens) hört die grobkörnige Ausbildung schon nördlicher auf. Das ganze Gebiet NW Waldmichelbach bis gegen Kreidach wird also von der feinkörnigen Variante eingenommen. Südlich Waldmichelbach, gegen Schönmattenwag wie gegen Siedelsbrunn, tritt die porphyrartige Ausbildung und die $G_2$-Durchtrümerung wieder auf.

### Assimilierte Altbestände.

Die Steinbrüche am Borstein bei Zotzenbach (Trommabhang gegen Westen) geben einen guten Einblick in die Verhältnisse der porphyrartigen Variante. Man erkennt dort nämlich, daß die Homogenität des Granites, wie sie von dem für Bauzwecke gebrochenen Material bekannt ist, sich tatsächlich nur auf solche Abbaustellen beschränkt. Wir finden

a) Schieferige Anteile und

b) Dioritartige Anteile.

### a) Schieferige Anteile.

Im höher gelegenen SE-Bruch beobachtet man einen Wechsel im Biotitgehalt: In ein dunkles mafitreiches Grundgewebe, das gegen die helleren Partien nicht schollenartig abgegrenzt ist, löst sich ein pegmatitisches Band auf und „zerstreut" die Kalifeldspate. Ohne die auffällige Auflösung des Pegmatitbandes wäre das Grundgewebe für nichts anderes gehalten worden als „dunkler Granit".

Eine kalifeldspatfreie Stelle des Grundgewebes ergab folgende Modalwerte:

Biotit 29%,

Akzessorien, hauptsächlich Titanit, 8%,

Plagioklas 60%,

Quarz 3%.

Der Titanit bzw. opake spitzrhombische Pseudomorphosen mit Restpartien und Magnetitoktaederchen liegen zwischen zerfasertem, chloritisch durchsetztem Biotit, der in welligen Zügen die Paralleltextur bestimmt. Hornblende fehlt. Etwas Zirkon und Orthit. — Es finden sich größere Apatite in den Biotiten, sowie eine unregelmäßige Bestreuung der Plagioklase mit kleinen Apatitnädelchen. — Der Plagioklas ist rundlich bis leistig. Größere Individuen haben um einen umgesetzten leistigen Kern (bzw. einer 3—4-fachen Abfolge von Serizit-Karbonatkränzen) xenoblastische klare Säume. In den Plagioklasen sind Biotitleisten tangential den Wachstumszonen oder regellos eingelagert, nicht aber gleichsinnig der PT des Außengefüges. — Die Apatitspreu findet sich bei Plagioklasen mit (umgesetzten) Kernen nur in den klaren Säumen.

Der in dieses Gefüge eindringende Kalifeldspat bildet Großkristalle von Längen bis 5 cm. Sie umschließen unter vollständiger Verglimmerung die Plagioklase, die — sofern es sich um die größeren, blastisch nachgewachsenen handelt — oft noch halb im Grundgewebe stecken; eine Verschiebung der Kristalle findet dabei nicht statt. — Der Kalifeldspat ist biotitfrei, nur einzelne Chlorite finden sich. Da der Kalifeldspat aber die Erzkörner und Titanite des schieferigen Grundgewebes enthält, muß man annehmen, daß der aufgenommene Biotit resorbiert worden ist. Der Kalifeldspat kann K, Al und Si brauchen; Mg steckt möglicherweise in karbonatischen Schlierenzügen.

Die Gesamtentwicklung läßt sich demnach wie folgt rekonstruieren:

*1. Titanitreicher quarzfreier Plagioklas-Biotitschiefer (Edukt).*

a) Basische Plagioklase, idiomorph in Titanit, Akzessorien.

b) Plagioklase um 20% An mit Biotit, Paralleltextur.

c) Beginn blastischen Wachstums einzelner dieser Plagioklase unter Einschluß der Umgebung: Rekurrenzen.

*2. Kalifeldspatführendes Mischgestein.*

d) Umsetzung der basischen Kerne im Plagioklas in Serizit, Calcit usw. Umkristallisation der Plagioklase (An-Gehalt bleibt 20%), Weiterbildung blastischer Säume, tangentiale Einlagerung von Biotit an die Plagioklaswachstumszonen; Aufnahme der Apatitspreu.

e) Fortdauer der Verglimmerung der Plagioklase und Einwanderung von Kalifeldspatsubstanz; einzelne Myrmekitwarzen gegen die Blasten.

f) Wachstum der Kalifeldspatporphyroblasten unter Einschluß verglimmerter Plagioklase und Resorbtion von Glimmer. Im Vorfeld blastische Regeneration der Plagioklase (in Fortsetzung von d), dazwischen zugeführter Quarz.

g) Leichte postkristalline Deformation.

## b) Dioritartige Anteile.

An anderen Stellen des Bruches ist das dunkle Grundgewebe massiger, mikroskopisch: dioritartig. Es stehen mit Biotitflasern, die große Apatite, und (schon makroskopisch sichtbare) Eisenglanz-Magnetit-Nester enthalten, kurzprismatische, also ± idiomorphe, eng verzwillingte Andesine (An-Gehalt: 30—35%) in „primärem" Strukturverband; teils umgrenzen große Quarzpflaster solche Strukturinseln, teils werden die Plagioklase durch Mikroklinholoblasten umschlossen. — In solchen Gesteinen ist der Plagioklas nicht chemisch einheitlich wie bei dem vorher besprochenen umkristallisierten Biotit-Plagioklasschiefer. Neben 35% An-haltigen Plagioklasen finden sich solche von 30—20 %: fleckige Individuen mit ungleichmäßiger Serizittrübung. Die ungleich dichte Lamellierung setzt nur teilweise durch den Kristall, wie es bei hybriden Gesteinen häufig ist.

Ob das Edukt ein Diorit war, oder ob ein schon vor der Quarz- und Kalifeldspatzufuhr „dioritisierter" Metamorphit vorliegt, läßt sich nicht entscheiden. Jedenfalls fand der sprossende Kalifeldspat schon ein dioritisches Gefüge vor.

### *Homogener Trommgranit, „roter" Trommgranit, Hauptabbau Zotzenbach.*

Nun läßt sich die Struktur des „normalen" Trommgranites verstehen. Der Granit hat dort, wo sich keine Altbestände erkennen lassen, ein aplitisch panallotriomorphes Gefüge von Feldspat, Quarz und etwas Biotit (mit Apatit) und erweist sich durch das Auftreten intergranularsymplektitischer Kleinkornbildung und mylonitischer bis blastomylonitischer Granulierungen als zum Bergsträßer Flasergranit gehörig. — Ein gewisser Gegensatz von idiomorpherem Plagioklas (z. T. noch in „Gruppen" beisammen) und jüngerem korrosiv sich verbreiterndem Mikroklin ist auch im „fertigen" granitischen Stadium noch zu erkennen. Der Mikroklin beginnt mit Filmen, strebt aber (unter Resorption und Einschluß) einer Idiomorphie zu: je reliktischer das Grundgefüge, um so idiokrater der Kalifeldspat. Gitterung ist nur undeutlich zu erkennen, sie geht in eine deformative Parkettierung über. Die Schummerung vernetzt sich von Störzentren bzw. perthitischen Äderchen ausgehend. Drehtischmessungen zur Erfassung der Triklinität führten infolge undulöser Auslöschung nicht zum Ziel. — Der zwillingslamellierte Plagioklas wird selten saurer als 15 % An, er ist zonar bis 25 % An, einige Individuen ergaben 35 %. Durch die Mikroklinkorrosion werden gelegentlich Amöben vom Restplagioklas abgespalten. — Der Biotit findet sich beim Plagioklas in den Strukturinseln, manchmal fehlt er ganz.

### *Feinkörniger Granit, selbständige $G_2$-Komponente (NW Waldmichelbach).*

Der $G_2$ des Hauptverbreitungsgebietes NW Waldmichelbach hat ein flaseriges, ebenfalls panallotriomorphes Gefüge aus korrodierendem Mikroklin, angefressenem und trüben Plagioklas (27 bis 30 % An) und einen Quarzgehalt von etwa 30 %, welch' letzterer durch eine in der Flaserrichtung liegende Knitterung ausgezeichnet ist. Der lamellierte Plagioklas ist kaum zonar. Ein geringer Muskovitgehalt ist charakteristisch, er liegt zwischen den zopfartigen Zügen der Biotite, die trübe, zerfasert und reich an Erzausscheidung sind. — Der Muskovit (auch Quermuskovite) ist polygonal angeordnet, aber postkristallin noch einmal verbogen; gelegentlich setzen Muskovitblättchen mylonitische Bewegungsbahnen fort.

Der $G_2$ ist in bezug auf Quarz-, Plagioklas- und Mafitgehalt wenig von dem G verschieden, hat aber mehr Kalifeldspat, jedoch einen basischeren Plagioklas.

*Modus der Gesteine.*

| Modalbestande | (1) | (2) | (3) | (4) |
|---|---|---|---|---|
| Kalifeldspat . . . . | — | 26 | 30 | 40 |
| Plagioklas . . . . | 60 | 33 | 31 | 25 |
| ( % Anorthit) . . . | (35—)20 | (15—)25 | (24—)30 | (15—)27 |
| Quarz . . . . . . | 3 | 34 | 31 | 25 |
| Muskovit . . . . . | — | — | 5 | 4 |
| Biotit + Akzess. . . | 37 | 7 | 3 | 6 |

1. Plagioklas-Biotit-Schiefer, Borstein/Tromm. Der Plagioklasgehalt teilt sich auf in 45 % kleinkörnige Individuen, 15 % blastischer Zuwachs.

2. Rötlicher Trommgranit, leicht porphyrartig. Schwerpunkt des Plagioklas-Anorthitgehaltes: 20 %.

3. Feinkörniger jüngerer Granit, NW Waldmichelbach. Plagioklaseinzelwerte: 24 %, 27—30 %.

4. Gang von jüngerem Granit in porphyrartigem Granit, südlich Waldmichelbach. Schwerpunkt des Anorthitgehaltes: 22 %.

*Altersverhältnis $G : G_2$.*

Die Altersfolge ist durch die Durchtrümerung eindeutig gegeben. Der Altersunterschied ist aber gering: Im Kuhklingen westlich Waldmichelbach z. B. beobachtet man, wie sich aus pegmatitischen Schlieren am Rande, aber noch innerhalb des feinkörnigen Granites Kalifeldspatgroßkristalle in die grobkörnige Nachbarschaft verteilen. Die pegmatitische Schliere ist sowohl im G wie im $G_2$ durch allmähliche Übergänge mit dem Grundgestein verbunden, die Großfeldspate kümmern sich nicht um diese verschwommenen Grenzen.

*Deformation.*

Komponente G: Eine Beanspruchung muß noch vor der letzten Auskristallisationsphase stattgefunden haben, denn Bewegungsbahnen gehen allmählich in „Grundmasse"-Flaserung über. Die Beobachtung läßt sich schlecht demonstrieren. Solche an der Grenze des Mylonitischen liegende Bewegungen (Übergänge von Flaserung in Gleitbahnen) sind allenthalben zu beobachten. Der in Bewegungsbahnen befindliche Plagioklas ist immer verglimmert. Er ist oft in der Mylonitbahn zwischen zerbrochenen Quarz verschleppt und von Biotit gesäumt.

Komponente $G_2$: Beim $G_2$ ist die Gesamttextur flasrig, nicht mylonitisch (abgesehen von den Ruscheln jüngerer Vorgänge). Ich möchte das so deuten: Die (Haupt-)Bewegung erfolgte hier wie auch an anderen Lokalitäten des Odenwaldes zur Zeit der Intrusion der $G_2$-Komponente; ein Granit wird daher in dem Maße, wie seine Intrusion relativ zur Bewegung zurückliegt, statt durchgängiger Flaserung nur noch mylonitische Bahnen zeigen, wie es für die G-Komponente der Fall ist. — Wenn wir anderseits bei Aschbach sehen, daß die jüngsten Glieder des $G_2$ nicht mehr vergneist werden, so ergibt sich der Schluß, daß die letzte Bewegungsphase von Aschbach mit der hier beobachteten Bewegung gleichzeitig erfolgte.

*Genetisches Verhältnis $G:G_2$.*

Aus dem Vorangestellten, also

1. der Tatsache größerer Assimilationen im G,

2. der Abhängigkeit der porphyrartigen Ausbildung im G von der $G_2$-Durchtrümerung,

3. dem inversen Verhältnisse von Kalifeldspatgehalt und Basizität der Plagioklase zwischen G und $G_2$,

4. der Schollenfuhrung des $G_2$,

5. der Art der schlierigen Begrenzung zwischen G und $G_2$, sofern es sich nicht um $G_2$-Gänge in G handelt,

6. der unterschiedlichen Art der Reaktion auf Bewegungsvorgänge in G und $G_2$, sind folgende Schlusse zu ziehen:

a) Der Granit G ist ein hybrider Granit bzw. die hybriden (Dach-)Regionen sind erschlossen.

b) Der Granit $G_2$ ist kein normales „Weiterdifferenziat" des G. — Der Komplex zeigt Fixierung von „Ungleichgewichten mit periodisch wieder auflebender kristalliner Umformung" (wie es DRESCHER-KADEN [46] formuliert hat). „Granitisierende" kalireiche Lösungen[1] verändern in der Hydrothermalphase vorgefundene Strukturen unter gleichzeitiger Einwirkung von bewegenden Kräften[2].

c) In der mittleren Tromm, im älteren Granit G überwiegen kataklastische Gleitbahnen, südlich davon gehen sie in intergranular verheilte Zonen über. Die $G_2$-Komponente noch weiter südlich hat ein blastomylonitisches bis flasriges Gefüge. Der Gefügewechsel läßt sich als ein kontinuierliches Nacheinander $G \rightarrow G_2$ deuten.

---

[1] Eine abweichende Art von Kalimetasomatose zeigen Gesteine, die aus augig gesproßtem Mikroklin zwischen Muskovitzwischensubstanz bestehen. Der Mikroklin verzahnt sich mit den Individuen der Muskovitzöpfe, die durch eine spätere Deformation wellig verbogen sind. Biotit und Quarz fehlen völlig; Mikroklin : Muskovit etwa 3 : 1 bis 4 : 1. Die Mikrokline sind gefüllt mit vollständig verglimmerten Plagioklasen unbestimmter Basizitat. Das Gestein liegt in Bruchstücken verstreut im Gebiet des $G_2$.

[2] Vgl. die allgemeinen Überlegungen bei K. H. SCHEUMANN [66] S. 87f.

d) Die gleiche tektonische Walze, die im Böllsteiner die Letztverformung mit der anschließenden horizontalmylonitischen Verschuppung „auf kaltem Wege" bewirkt hat, erreicht hier eine synorogene Rollung der Gefügekomponenten bei gleichzeitiger Regeneration in hydrothermaler bis pegmatitischer Phase.

e) Das Wachsen der Kalifeldspate im G zu $\pm$ eigengestaltigen Großindividuen ist an den $G_2$-Nachschub gebunden. Im $G_2$ liegt der Hauptanteil an Kali; daß der $G_2$ infiltrativ gewirkt hat, beweisen die Gänge und Schlieren. Aus aplitisch-pegmatitischen Partien entwickeln sich (besonders deutlich am Borstein und bei Aschbach zu sehen) Kalifeldspatwolken unabhängig von der Art des vorgefundenen (Alt-)Bestandes. „Bänder (bzw. ausgedehnte zweidimensional entwickelte Zonen . . .) von parallelgestellten porphyrischen Feldspaten" führt bereits Pfannenstiel [61] als charakteristisch an. Es ist mit einem thermischen und substanziellen Nachschub des $G_2$ in G zu rechnen. Durch die thermische Auffrischung konnten die rundlich-flasrig ausgebildeten Kalifeldspate des ann. gleichkörnigen G aus der Flaserung heraustreten und ihre Idiomorphie stärker ausbilden. So entsteht schließlich der Phänotyp des Heidelberger Granites, der ja auch von feinkörnigen Schlieren, pegmatitischen Bändern usw. durchzogen ist.

f) Dadurch, daß der zugeführte $G_2$-Anteil ein Gangnetz vor sich herschiebt, haben wir gangförmigen $G_2$ und selbständig auftretenden $G_2$. G-Intrusion und $G_2$-Infizierung überlappen sich [1].

---

[1] Dazu folgendes Schema:

| *Beobachtung.* | *Zusammenhang.* |
|---|---|
| Fern vom ganggranitisch-pegmatitisch durchtrümerten Areal keine porphyrartige Tendenz: Mittelkörnige Textur. | Die Platznahme des Trommgranites (G) erfolgt unter Einverleibung des Altbestandes so, |
| Innerhalb des durchtrümerten Areals porphyrartige G-Typen. Schlierige Übergänge zu feinkörnigen, muskovitführenden Ausbildungen neben scharfen Gängen. | daß *zunächst* eine normalgranitische Komponente intrudiert, der aplitische Anteil *nach*stößt: teils schlierig, teils nach Abklingen der Orogenese auf diskordante Adern und Gänge beschränkt. |
| Selbständiger feinkörniger Granit, kalireich, aber mit relativ basischen Plagioklasen. | Das aplitische „Reservoir" ist selbst hybrid, der vorangegangene Zustand nicht mehr entzifferbar. |

Wie bei der Randfazies des Hornblendegranites, so hat auch hier ein magmatischer Nachschub den (durch Kalifeldspatgroßkristalle bedingten) porphyrartigen Charakter erzeugt.

Das Phänomen der „magmatischen Auffrischung" besprach ich bereits in den „Wechselbeziehungen" [58], vgl. S. 428. — Es verbindet in der Tromm die mehr flasrig-augigen Granite des nördlichen Odenwaldes (Felsberg, Hoxhohl-Brandau, Neunkirchen, Knoden) mit den mehr fluidal-porphyrartigen des südlichen Bergsträßer Odenwaldes (Heidelberger Granit).

## I. Mischgesteine des Schollenagglomerates.

Es bleiben uns noch die Gesteine des (v. BUBNOFF so genannten) Schollenagglomerates. Bereits KLEMM (Erläuterungen zur geologischen Karte Birkenau-Weinheim) hatte die Schollennatur aller hier vorkommenden metamorphen Gesteine, die zwischen Biotitgranit stecken, erkannt. Die Geländeformen dieses Schollenagglomerates unterscheiden sich deutlich von den langgezogenen welligen Granitrücken der Tromm. Im Agglomerat sind entweder die metamorphen Schieferkuppeln bzw. resistente Schichten derselben, oder die ebenfalls widerstandsfähigen Mischgesteine herauspräpariert; beispielhaft ist die Umgebung von Mackenheim.

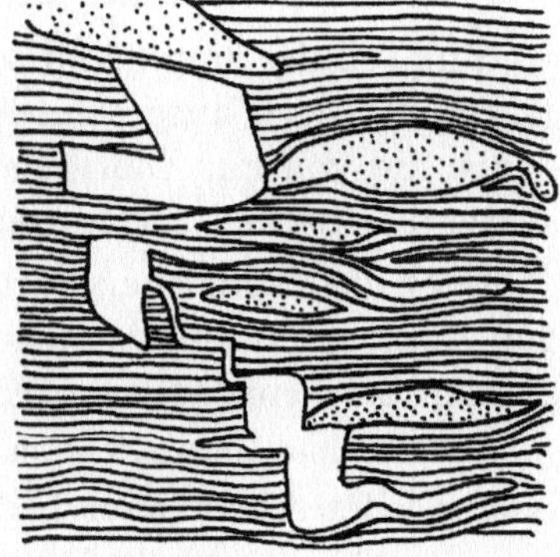

Abb. 33. Wilder Buckel bei Löhrbach ($^1/_{10}$). Typisches Beispiel des Auftretens von Granit im Schollenagglomerat: In die PT des verwitterten Schiefers sind Wulste von mittelkörnigem, rötlichem Granit eingebettet. Diskordante Aplite verasteln sich. Ganz die gleichen Bilder kann man an den Bahneinschnitten bei Kreidach beobachten.

### Granit.

Eine Trennung in zwei Anteile G und $G_2$ ist undurchführbar; KLEMM kartierte durchweg „G". Es ist ein rötliches aplitisches, einsprenglingarmes, selten frisch anstehendes Gestein. Wir finden grobkörnige, gegitterte Mikrokline und geknitterte Quarze, einzelne große Plagioklase neben Resten korrodierter, lamellierter Oligoklase (19—27% An), verglimmert und von Myrmekitwarzen angezapft. Gleitbahnen verschleppen Biotit und Plagioklas zwischen zerrissene Kalifeldspate.

### Metamorphite.

Von den Bearbeitern der geologischen Karte werden die Gesteine als kontaktmetamorphe Sedimente (in Frage kommen: Grauwacken, Mergel, Tone, Sande, Kieselschiefer usw.) diskutiert.

Infolge sekundärer Veränderungen (Mobilisierungen, Mischgesteins-
bildungen) lassen sich keine näheren Aussagen über die Edukte
machen.

### *Relativ unveränderte Metamorphite.*

Die Mannigfaltigkeit der metamorphen Gesteine hat Klemm
(Erläuterungen zur geologischen Karte) ausführlicher beschrieben.
Es treten muskovitführende Metakieselschiefer, sillimanithaltige
Biotit-Plagioklasschiefer und Kalksilikathornfelse auf. Sie alle
stellen jedoch nur Einschaltungen in amphibolitischen Gesteinen
dar.

### *Amphibolite und dioritisierte Amphibolite.*

Ein Teil der amphibolitischen Gesteine ist auf der geologischen
Karte als Diorit ausgeschieden. Es handelt sich um Gesteine, bei
denen die von mir Dioritisierung [58] genannte Umkristallisation
„flaserdioritische" Strukturen erzeugt.

Über die chemischen Verhältnisse Amphibolit : Diorit orientiert
die Analysenzusammenstellung von Klemm [11] und die Diskussion bei Leinz [20]. — Es zeigt sich, daß

Quarz- und Biotitreichtum bei Hornblende- und Feldspatarmut
den gleichen Chemismus bedeuten kann wie

Hornblende- und Feldspatreichtum bei Quarz- und Biotitarmut.

Die Analyse eines quarzarmen Amphibolits ist vergleichbar der
Analyse eines Quarz-Biotitschiefers.

Mittelt man über die bei Leinz vorliegenden 10 Diorit-Schliff-
integrationen und über die 7 Amphibolit-Schliffintegrationen (und
bringt die Mittel wieder auf 100), so ergibt sich:

Diorit         Plagioklas 47   Quarz  6   Biotit 11   Hornblende 34   Akzess. 2
Amphibolit   Plagioklas 46   Quarz 10   Biotit 15   Hornblende 27   Akzess. 2

Das bedeutet eine große Übereinstimmung, besonders wenn
man noch Biotitisierungen des Amphibolites in Kontaktnähe des
Granites bedenkt. — Stellt man die Biotitisierung und die Dioritisierung in Rechnung, so ergibt sich ein noch größerer Anteil an
Amphibolit für die metamorphen Gesteine des zerstückelten Süd-
endes der Tromm mit seinen Ausläufern, als die geologische Karte
schon angibt.

Die Dioritisierung ist von mir anderen Ortes beschrieben worden
[58]. Es entsteht eine deformationsfreie „flasrige" Textur, hervorgerufen durch polygonale Biotitwellen (der Hornblendeanteil ist

geringer) und augig-blastische Plagioklase (um 35 % An). Es wechseln mafitreichere mit mafitärmeren Lagen; der Anorthitgehalt ist jedoch in allen Lagen gleich.

Teilweise sind die metamorphen Gesteine durch granitische Zufuhr aufgeblättert; es entstehen Mischgesteine wie die bekannten von der „Hohen Hecke" bei Kallstadt.

Nähere Untersuchungen, über die an anderer Stelle berichtet wird[1], ergeben, daß die streifigen Metamorphite, wie sie bei Mackenheim und vielen anderen Orten (meist als „Schieferhornfels, muskovitführend, kartiert) anstehen, keineswegs stofflich unbeeinflußt sind. Ihr Kalifeldspatanteil ist in den meisten Fällen nachweislich zugeführt, es handelt sich um Metasomatosen während der Durchbewegung.

Charakteristisch für das hiesige Gebiet ist die Bildung dioritischer Gesteine aus Amphiboliten und Biotitplagioklasschiefern ohne gleichzeitige Durchbewegung. Ein Teil dieser Gesteine liegt nördlich des Kreidacher Passes und ist daher hier zu nennen: Schimmelberg NW Waldmichelbach und Gärtnerskopf bei Mengelbach. Eine vollständige Homogenisierung des Altbestandes bis zum „Hornblendegranit" (der geologischen Karte), einem Kalifeldspatdiorit, findet aber nur um Mackenheim statt.

Die Gesteine liegen als Schollen in der $G_2$-Variante des Trommgranits. Vom Rande zur Mitte verfolgbar ist der Übergang von amphibolitischer zu dioritischer Struktur. Es erscheinen Kalifeldspatknospen, xenoblastisch sich verzahnende bis rundliche Individuen mit Myrmekit gegen die Umgebung.

Der Kreidacher Paß läßt die Tromm zwar geographisch nach Süden zu enden, geologisch und petrographisch·aber geht die Tromm kontinuierlich in das „Schollenagglomerat" über.

## K. Petrogenetische Zusammenfassung.

I. Die bereits von v. BUBNOFF [16] geforderte, von KLEMM [8—12] aber bestrittene und von ERDMANNSDÖRFFER [45] abermals durchgeführte Unterscheidung einer Bergsträßer Flasertextur und einer Böllsteiner Gneistextur wurde an den Stellen untersucht, an denen KLEMM seine Beweise für einen strukturellen und texturellen Übergang innerhalb der Flasertextur anzutreten versucht, und

---

[1] „Grenzfazies und Angleichgefüge der varistischen Elemente im kristallinen Odenwald", im Druck.

an denen er zeigen will, daß die Abtrennung von Gneisen nicht möglich sei.

Die Untersuchung ergab, daß es sich bei den von KLEMM als beispielhaft angeführten Gesteinen teils um metablastische Einlagerungen in Flasergranit handelt, teils um Dioritaorite mit augiger Struktur. Die Auffassung KLEMMs muß also zunächst zurückgewiesen werden. — Wohl gibt es Gesteine, die eine „Strekkung" durch Assimilation von schieferigem Altbestand erhalten haben, aber diese (sowie die Mobilisate verschiedenen Grades) sind von Böllsteiner Gneis zu unterscheiden.

Die Gefügeanalyse insbesondere gestattet es, beide Texturen zu unterscheiden. — Der Bergsträßer Odenwald stellt gegenüber dem Böllsteiner Odenwald ein tieferes Stockwerk dar: Während im Bergsträßer Odenwald einer gefügeregelnden Bewegung granitische Nachschübe und thermisch anatektische Regenerationen entgegenwirken, behält im Böllsteiner Odenwald das tektonische Geschehen die Oberhand und bewirkt im Anschluß an die Intrusion eine einsinnige Vergneisung.

II. Unter Berücksichtigung dieser strukturellen und texturellen Unterscheidungsprinzipien wurden die Gesteine des Trommassivs untersucht.

Es ergab sich dabei, daß sich in den *Rahmen* des Trommgranites Bergsträßer und Böllsteiner Gesteine teilen. Der Trommgranit selbst aber weist die Merkmale Bergsträßer Verhältnisse auf.

Der als „Gh" kartierte, den Trommgranit von Norden her umfassende Komplex muß in einen Hornblendegranit (Granodiorit des Weschnitzplutons) und einen Hornblendegneis zerlegt werden. In der „Zwischenzone" treten außer dem Hornblendegneis noch weitere zum Böllsteiner gehörende Gesteine auf.

Die Aschbacher Gesteine gliedern sich in Granit, Granit-Gneisassimilat und Böllsteiner Gneis, dem metasomatisch Kalifeldspat zugeführt worden ist.

Die Kalifeldspatung in den Rahmen des Trommgranites ist sehr verbreitet: Die Randpartien des Weschnitzpluton-Granodiorites gegen Biotitgranit führen einsprenglingsartigen Kalifeldspat (daher „Hornblende*granit*"). — Das Schollenagglomerat enthält außer Granitassimilatgesteinen die Kalifeldspatdiorite, das sind jene Amphibolite, die unter Kalifeldspatimbibition umkristallisierten. Der Name Gh (Hornblendegranit) ist auch für diese Gesteine zu streichen. (Bei ± statischer Infiltration wandert im wesentlichen nur Kalifeldspatsubstanz — Produkte „syenitisch" —; bei Durchbewegungsassimilation wandert Kalifeldspat und Quarz — Produkte „granitisch".)

Schließlich ist noch Kalifeldspat in den Gesteinen der „Zwischenzone" mobil geworden. In die Vergneisung des Hornblendegneises ist Kalifeldspat bereits einbezogen, von diesen Kalifeldspaten läßt sich somit nichts über die Herkunft sagen; es finden sich aber in der Zwischenzone auch Kalifeldspatporphyroblasten vom Typus der Metasomatite.

Der Kalifeldspatimprägnation des Rahmens entspricht im Granit selbst (abgesehen von der Assimilierung von Altbeständen) eine endomagmatische „Strukturauffrischung", die zu porphyrartiger Ausbildung führt.

Die Linie, die Bergsträßer Gesteine von Böllsteiner Gesteinen scheidet, verläuft ann. NNE—SSW und läßt sich von Aschbach bei Waldmichelbach bis gegen Brensbach verfolgen.

Charakteristisch ist für die Gesteine des Böllsteiner Odenwaldes flache Lage der Paralleltextur mit einem $xz$-Gürtel, dessen Achse ann. E—W verläuft. Im Süden (Aschbach) und im Norden (Spessart) beteiligen sich weitere Symmetrieelemente, die die Hauptsymmetrie des $xz$-Gürtels manchmal undeutlich machen.

Einen gleich orientierten $xz$-Gürtel haben die flach liegenden Mylonite, die nach Verband und Mineralbestand hauptsächlich für verschuppte Böllsteiner Gneise gehalten werden.

Die Untersuchung der Verbandsverhältnisse zwischen Böllsteiner und Bergsträßer Odenwald erfordert eine Neubestimmung der Stockwerkbeziehungen:

Böllsteiner Odenwald,
Bergsträßer Odenwald,

da der tektonisch „seichtere" Böllsteiner den Bergsträßer zu unterteufen scheint; eine Neubestimmung dahingehend, daß im Böllsteiner Odenwald ein vergneister alter Sockel von einer ebenfalls vergneisten Auflage zu unterscheiden ist.

Die Gesteine des Sockels sind sicher vor der Intrusion der varistischen Gabbro-Granitreihe vergneist gewesen. Von den Gesteinen der Auflage kann das nicht mit der gleichen Sicherheit behauptet werden.

Zum Sockel gehören: der eigentliche Hornblendegneis, der Aschbacher graue (und rote) Gneis und die Schiefer (samt einem gewissen Orthoanteil) der eigentlichen Böllsteiner Kuppel.

Zur Auflage gehören: die flachen Mylonite der „Zwischenzone", ein Teil der „oberen Anteile der Zwischenzone" und die Assimilate von Aschbach, was ihren Granitanteil angeht.

Zweifelhaft ist die Stellung des „Böllsteiner Granit(gneises)" selbst. Die Problematik wurde an mehreren Stellen offenbar[1].

Folgende abschließende Stellungnahme dürfte dem augenblicklichen Stand der Forschung angemessen sein:

1. Im Gegensatz zum varistischen Gefügeplan (Maximum NW—SE; diffuse Gürtel, zum Teil senkrecht zu dieser Achse) steht der klarere Böllsteiner Gefügeplan (E—W als Achse zu einem xz-Gürtel mit x—x gleich N—S). — Im allgemeinen gilt, daß der varistische Plan den Böllsteiner Plan ablöst, aber auch

2. Der N—S-Plan ist längere Zeit hindurch wirksam gewesen. — Er schuf die Böllsteiner Vergneisung und lebte bei der flachen Mylonitisierung, die örtlich zu Verschuppung führte, wieder auf. Diese flache Mylonitisierung ist nicht älter als die Intrusion des Trommgranites.

3. Die Böllsteiner Vergneisung ist älter als die Mylonitisierung; aber der zeitliche Abstand von Vergneisung und Mylonitisierung ist nicht festlegbar. — HOPPE [50] meinte S. 236: „ . . . und zwar rücken kaledonische und karbonische Periode zeitlich aneinander."

4. Für einen Hiatus zwischen beiden Ereignissen spricht die Tatsache, daß der N—S-Plan im Bergsträßer Odenwald (in bezug auf das Vorhandensein einer E—W-Richtung, die der Böllsteiner Striemung entspricht) reliktisch in Schiefern zu finden ist und bei der Granitintrusion vom varistischen Streichen überwältigt wird. Hierauf wies ich schon in [58] hin.

5. Eine entsprechende Ablösung des N—S-Planes während der varistischen Orogenese wird auch bei den Assimilatgesteinen von Aschbach beobachtet.

Jedoch ist, wie die (flache) Mylonitisierung zur Zeit der Flasergranite (bzw. kurz danach) lehrt, der N—S-Plan noch während der varistischen Orogenese wirksam.

Daher könnte von hier aus nichts dagegen eingewandt werden, wenn jemand die Mylonitisierung als unmittelbaren Abschluß der Vergneisung verstehen will und somit auch die Vergneisung varistisch versteht. ·

---

[1] Wir bemerkten, daß der Verformungsplan der Aschbacher Sockelgesteine (N—S-Plan) übereinstimmt mit dem Verformungsplan der Böllsteiner Granitgneise. Demnach gehören letztere auch zum Sockel.

Der Verformungsplan der flachen Mylonite, die laut Verband (S. 67) bestimmt zur Auflage gehören, ist aber ebenfalls ein N—S-Plan.

Daher nehme ich an, daß es einmal eine ältere Vergneisung gibt, die dem varistischen Intrusionszyklus vorangeht und daß es ferner während der synorogenetischen Intrusion zu abermaligen Beanspruchungen kommt, die auch in schon vergneisten Gesteinen zu merklichen Überprägungen führen.

Wir haben ja auch mit Phasen innerhalb des Varisticums zu rechnen. Auch die Bewegungsphase, die in den (Bergsträßer) Heppenheimer Schiefern Boudinage erzeugt hat, geht — obwohl selbst noch varistisch — dem varistischen Intrusionszyklus voraus. (HOPPE, S. 235: „Es scheint, daß mit Beginn der Intrusionen die Hauptfaltung des Schiefergebirges beendet war.")

6. Die in 4. und 5. angedeutete spätvaristische Überwältigung des N—S-Planes, die bei Aschbach ausführlicher besprochen wurde, hat die Bergsträßer Flasertextur erzeugt. — Die Bewegungsvorgänge sind auch an den (schon metamorph vorliegenden) Rahmengesteinen nicht spurlos vorübergegangen. In Anbetracht der Deutlichkeit von Paralleltexturen im jüngeren Trommgranit und dem entsprechenden Granit vom Lindenstein (bei Hambach) an der Bergstraße, sowie der überraschenden Konvergenz von Gneis- und Flasertextur der Gesteine von Kreidach (Tunnel) ist anzunehmen, daß die Bedeutung einer solchen jungen Komponente bisher unterschätzt worden ist. Sie ist möglicherweise an der überall festzustellenden Verwischung scharfer tektonischer Grenzen schuld. Das heißt also:

7. Sieht man von KLEMMs überbetonter Ablehnung von Vergneisung im Böllsteiner Odenwald ab, so bleiben viele Argumente, die KLEMM für eine Zusammenfassung beider Odenwaldanteile geltend machte, insofern bestehen, als gerade in der Übergangszone die Bergsträßer Kinetik ihre Spuren auch an Böllsteiner Einheiten hinterlassen hat[1].

8. Auf die Frage, weshalb der Übergriff Bergsträßer Flasertektonik auf Böllsteiner Einheiten dort (statt Flaserung) „nur" Überprägungen in *metamorpher* Fazies erzeugt, kann man folgende Antwort geben: An den Stellen, wo (metamorphe) Rahmengesteine als S o c k e l fungieren, treten die Granite als Gneise auf; an den Stellen, wo die Metamorphite „a u f g e k l a p p t" anstehen, sind magmatisch-massige (beim Hornblendegranit) bis magmatisch-flasrige (beim Biotitgranit) Texturen vorhanden.

Für die zwischen den aufgestellten Schiefern des Westens aufgedrungenen Gesteine („Tektonik mit steilen Achsen") war relativ zu den Gesteinen der Böllsteiner Flachlage die Ausbildung eines tieferen Stockwerkes möglich.

---

[1] Abgesehen von chemischen Ähnlichkeiten (vgl. bei KLEMM, Lit. [11]) und Entsprechungen in bezug auf Gerölle bei Eberstadt sowie im Böllsteiner in Amphiboliten, könnte KLEMM für seine Altersgliederung auch heute noch auf die Untersuchungen von HOPPE hinweisen, denen nichts hinzugefügt werden konnte.

Die Gründe für die Steilstellung im Westen sind nicht bekannt; SUESS denkt an eine Aufschiebung des Bergsträßer auf den Böllsteiner Odenwald. — HOPPE äußert sich S. 236: „Die Aufrichtung des Schiefergebirges entspricht der vorgranitischen Phase nach CLOOS." — Jedenfalls aber bilden sich dort, wo die Metamorphite steil stehen (Verbindung zum Magma geöffnet) Flaserungen aus, und wir finden dort, wo ein flacher Sockel die Verbindung „nach unten" sperrt, Gneistexturen.

9. v. BUBNOFF hatte [16] die Ansicht geäußert, daß die Vergneisung zwischen die G- und $G_2$-Intrusion falle. Er könnte geltend machen, daß der ältere G des Böllsteiner zum Sockel gehöre und der jüngere $G_2$ zur Auflage, so daß auf den letzteren nur die letzte tektonische Phase anzuwenden sei. Durch die Fortdauer des N—S-Planes bis zur Mylonitisierung läßt sich im Gegensatz zu Aschbach, wo der letzte Verformungsplan eine andere Orientierung als der vorletzte hatte, eine altersmäßige Unterteilung nicht durchführen. — Der Abschluß der Tektogenese mit Mylonitisierung und Teilverschuppung, sowie die Verschweißung der verschiedenen Einheiten durch injizierenden Trommgranit verhindert eine scharfe Trennung von Auflage und Sockel.

10. Jünger, alten Schwächezonen nachfahrend, annähernd parallel der Trennungslinie von Bergsträßer und Böllsteiner Texturausbildung, ist die steil ansetzende sog. Otzbergspaltenmylonitisierung. Wir können sie verstehen im Hinblick auf das Abkippen des Böllsteiner Sockels. — Diese Mylonitisierung hatte den bisherigen Bearbeitern die flache ältere Mylonitisierung verschleiert.

## Literaturverzeichnis.

A. Übernommenes Literaturverzeichnis aus „Wechselbeziehungen zwischen Dioriten, Graniten und Schiefern im westlichen Odenwald" (s. u. Nr. [58]).

*Odenwald, chronologisch.*

a) [1] bis [14] CHELIUS—KLEMM.

[1] CHELIUS, C., 1888, Verein für Erdkunde Darmstadt IV, 8 (zitiert als VED). — [2] CHELIUS, C., 1893, VED, IV, 14: 1. und 2. Mitteilung aus den Aufnahmegebieten, Aufnahmebericht Neunkirchen. — [3] KLEMM, G., 1906, VED, IV, 27: Beobachtungen über die genetischen Beziehungen der Odenwälder Gabbros und Diorite. — [4] KLEMM, G., 1908, VED, IV, 29:, Bemerkungen über die Gliederung des Odenwaldes. — [5] KLEMM, G., 1911 Z. dtsch. geol. Ges. Bd. 63, H. 8/10: Exkursionsbericht der deutschen geologischen Gesellschaft, Darmstadt. — [6] KLEMM, G., 1913, VED, IV, 34: Bericht über die geologische Aufnahme des Blattes Neunkirchen. — [7] KLEMM, G., 1914, VED, IV, 35: Die Granitporphyre und Alsbachite des Odenwaldes. — [8] KLEMM, G., 1923, VED, V, 6: Über die Beziehungen zwischen dem Böllsteiner und dem Bergsträßer Odenwald. — [9] KLEMM, G., 1923, VED, V, 5: Der Granit von Waldmichelbach. — [10] KLEMM, G., 1924, VED, V, 7: Bemerkungen über die Tektonik des Odenwaldes. — [11] KLEMM, G., 1925, VED, V, 8: Über die chemischen Verhältnisse der Gesteine des kristallinen Odenwaldes und des kristallinen Vorspessarts. — [12] KLEMM, G., 1929, VED, V, 12: Bemerkungen über die Granite der Böllsteiner Höhe im Odenwald. — [13] KLEMM, G., 1929, Fortschr. Mineral.,

Kristallogr. Petrogr. Bd. 14: Exkursionsbericht der deutschen mineralogischen Gesellschaft. — [14] KLEMM, G., 1930, VED, V, 13: Einschlüsse von Fremdgesteinen in den Dioriten des Odenwaldes. — (Vgl. ferner: [41], [47], [52].)

b) [15] bis [20] gleichzeitig mit KLEMM:

[15] REINHEIMER, S., 1920, Diss. Heidelberg: Der Diorit vom Buch bei Lindenfels im Odenwald. — [16] BUBNOFF, S. v., 1922, Abh. preuß. geol. Landesanst., N. F. H. 89: Tektonik und Intrusionsmechanismus im kristallinen Odenwald. — [17] EWALD, R., 1924, Sitzgsber. Heidelberger Akad. Wiss., math.-naturwiss. Kl. A: Die geodynamischen Erscheinungen des kristallinen Odenwaldes als Beispiel einer geoisostatischen Ausgleichsschwingung. — [18] VOELCKER, I., 1926, Jb. oberrh. geol. Ges.: Vergleichende Untersuchungen der Grund- und Deckgebirgsklüfte im südlichen Odenwald, Teil II. — [19] KORN, D., 1928, Neues Jb. Mineral., Geol. Paläont., Abt. B, Beil.-Bd. 62: Tektonische und gefügeanalytische Untersuchungen im Grundgebirge des Böllsteiner Odenwaldes. — [20] LEINZ, V., 1931, Z. Kristallogr., Mineral., Petrogr. Bd. 42, H. 2: Die Amphibolite des südlichen Odenwaldes und ihre Beziehungen zu Diorit und Granit. — [50], [61], [62], [63], s. d.

c) Neuere Odenwaldbearbeitungen.

[21] ERDMANNSDÖRFFER, O. H., 1941, Sitzgsber. Heidelberger Akad. Wiss., math.-naturwiss. Kl.: Schollen und Mischgesteine im Schriesheimer Granit. — [22] ERDMANNSDÖRFFER, O. H., 1947, Heidelbg. Beitr. Mineral. u. Petrogr. Bd. 1, H. 1: Die Diorite des Bergsträßer Odenwaldes und ihre Entstehungsweise. — [45], [55], [58], [60], s. d.

*Weitere (nicht Odenwald-)Literatur, zunächst* ERDMANNSDÖRFFER,
*dann alphabetisch.*

[23] ERDMANNSDÖRFFER, O. H., 1910, Zbl. Mineral., Geol., Paläont., Bd. 24: Über die Biotitanreicherung in gewissen Granitkontaktgesteinen. — [24] ERDMANNSDÖRFFER, O. H., 1912, Sitzgsber. preuß. Akad. Wiss., math.-naturwiss. Kl. Bd. 26: Über Mischgesteine von Granit und Sedimenten. — [25] ERDMANNSDÖRFFER, O. H., 1914, Neues Jb. Mineral., Geol., Paläont., Beil.-Bd. 37: Petrographische Untersuchungen an einigen Granitschieferkontakten der Pyrenäen. — [26] ERDMANNSDÖRFFER, O. H., 1915, Chem. d. Erde Bd. 1, H. 3: Über die Entstehungsweise gemischter Gänge und bas. Randzonen. — [27] ERDMANNSDÖRFFER, O. H., 1917, Geol. Rundschau Bd. 7, H. 7/8: Über die Bildungsweise der Erstarrungsgesteine. — [28] ERDMANNSDÖRFFER, O. H., 1936, Fortschr. Mineral., Kristallogr. Petrogr. Bd. 20: Neuere Arbeiten über Metamorphismus und seine Grenzgebiete. — [29] ERDMANNSDÖRFFER, O. H., 1939, Sitzgsber. Heidelberger Akad. Wiss., math.-naturwiss. Kl.: Studien im Gneisgebirge des Schwarzwaldes. XI. Die Rolle der Anatexis (1939). — [30] ERDMANNSDÖRFFER, O. H., 1942, Sitzgsber. Heidelberger Akad. Wiss., math.-naturwiss. Kl.: Studien im Gneisgebirge des Schwarzwaldes. XIII. Über Granitstrukturen (1942). — [31] ERDMANNSDÖRFFER, O. H., 1941, Zbl. Mineral., Geol., Paläont., Abt. A H. 3: Myrmekit und Albitkornbildung in magmatischen und metamorphen Gesteinen. — [32] ERDMANNSDÖRFFER, O. H., 1946, Nachr. Akad. Wiss. Göttingen, math.-physik. Kl.: Über Intergranularsymplektite und ihre Bedeutung. — [33] ERDMANNSDÖRFFER, O. H., 1943, Chem. d. Erde Bd. 15:

— 501 —

Hydrothermale Zwischenstufen im Kristallisationsablauf von Tiefengesteinen. — [34] Erdmannsdörffer, O. H., 1946, Nachr. Akad. Wiss. Göttingen, math.-physik. Kl.: Über unausgereifte Magmatite (Aorite). — [35] Drescher-Kaden, F. K., 1927, VED, V, 10: Über Mikroklinholoblasten mit Grundgewebseinschlüssen usw. — [36] Drescher-Kaden, F. K., 1930, Neues Jb. Mineral., Geol., Paläont., Abt. A, Beil.-Bd. 60: Zur Genese der Diorite von Fürstenstein. — [37] Drescher-Kaden, F. K., 1936, Chem. d. Erde Bd. 10: Über Assimilation usw. — [38] Graber, V., 1929, Mittl. geol. Ges. Wien, Bd. 22: Die Redwitzite und Engelburgite usw. — [39] Hietanen, A., 1943, Ann. Acad. Sci. fennicae, Ser. A: Über das Grundgebirge des Kalantigebietes im südwestlichen Finnland. — [40] Köhler, A., u. A. Marchet, 1941, Fortschr. Mineral., Kristallogr. Petrogr. Bd. 25: Die moldanubischen Gesteine des Waldviertels (Niederdonau) und seiner Randgebiete.

### B. Verwendete Literatur, die unter A noch nicht genannt ist (in alphabetischer Folge).

[41] Benecke u. Cohen, 1881, Straßburg: Geognostische Beschreibung der Umgebung von Heidelberg. — [42] Bubnoff, S. v., 1938, Neues Jb. Mineral., Geol. Paläont., Abt. B, Beil.-Bd. 79, S. 274—384: Das Gefüge des Hammergranites auf Bornholm. — [43] Cloos, H., 1922, Tektonik und Magma Bd. 1: Über Ausbau und Anwendung der granittektonischen Methode. — [44] Erdmannsdörffer, O. H., u. M. Peters, 1948, Heidelbg. Beitr. Mineral. u. Petrogr. Bd. I, H. 2/3: Magmatische und metasomatische Prozesse in Graniten, insbesondere Zweiglimmergraniten. — [45] Erdmannsdörffer, O. H., 1949, Sitzgsber. Heidelberger Akad. Wiss., math.-naturwiss. Kl., 2. Abh.: Beiträge zur Petrographie des Odenwaldes. III. Über Flasergranite und Böllsteiner Gneis. — [46] Drescher-Kaden, F. K., 1948, Springer Heidelberg: Die Feldspat-Quarz-Reaktionsgefüge der Granite und Gneise und ihre genetische Bedeutung. — [47] Futterer, K., 1890, Diss. Heidelberg: Die „Ganggranite" von Großsachsen und die Quarzporphyre von Thal im Thüringer Wald. — [48] Heritsch, 1923, Bornträger: Grundlagen der alpinen Tektonik. — [49] Hoenes, D., 1948, Heidelbg. Beitr. Mineral. u. Petrogr. Bd. 1, H. 2/3: Petrogenese im Grundgebirge des Südschwarzwaldes. — [50] Hoppe, W., 1924, VED, V, 6: Untersuchungen an kontaktmetamorphen Sedimenten des Odenwaldes. — [51] Johs, M., 1932, Z. Kristallogr., Mineral., Petrogr. Bd. 43, H. 4/5: Der Granitporphyr von Thal-Heiligenstein im Thüringer Wald. — [52] Klemm, G., 1919, VED, V, 4: Der Granatfels von Gadernheim im Odenwalde und seine Nebengesteine. — [53] Koch, W., 1939, Z. Kristallogr., Mineral., Petrogr. Bd. 51: Metatexis und Metablastesis in Migmatiten des nordwestlichen Thüringer Waldes. — [54] Korn, L., 1933, Z. Kristallogr., Mineral., Petrogr. Bd. 43: Tektonische und gefügeanalytische Untersuchungen im kristallinen Vorspessart. — [55] Lemke, E., 1940, Z. prakt. Geol. H. 9 u. folgende: Dunkle polierbare Gesteine des Odenwaldes. — [56] Mehnert, K. R., 1940, Zbl. Mineral., Geol., Paläont., Abt. A S. 47: Über Plagioklasmetablastesis im mittleren Schwarzwald. — [57] Mehnert, K. R., 1947, Mittl. geol. Bad. Landesanst.: Die Gliederung der Gneismasse des mittleren Schwarzwaldes auf genetischer Grundlage. — [58] Nickel, E., 1948, Heidelbg. Beitr. Mineral. u. Petrogr. Bd. 1, H. 4: Beiträge zur Petrographie des Odenwaldes. IV. Wechselbeziehungen zwischen Dioriten, Graniten und Schiefern im westlichen Odenwald. — [59] Nickel, E., 1949, Heidelbg. Beitr. Mineral. u. Petrogr. Bd. 2, H. 1/2: Bemerkungen zur Zwillingsbildung bei Plagioklasen. — [60] Nickel,

E., 1952, Heidelbg. Beitr. Mineral. u. Petrogr. Bd. 3, S. 97: Die mineral-fazielle Stellung der Hornblendegabbros im Gebirgszug von Heppenheim-Lindenfels (Odenwald). — [61] PFANNENSTIEL, M., 1927, Diss. Heidelberg: Vergleichende Untersuchungen der Grund- und Deckgebirgsklüfte im südlichen Odenwald. — [62] PORTMANN, W., 1928, Verh. Heidelbg. nat.-med. Ver., N. F. Bd. 16: Tektonische Untersuchungen im nördlichen Bergsträßer Odenwald. — [63] RÜGER, L., 1927, VED, V, 10: Über Blastomylonite im Grundgebirge des Odenwaldes. — [64] RUGER, L., 1931, Geol. Rundschau Bd. 22, H. 2: Untersuchungsergebnisse an Gesteinsdeformationen. — [65] SANDER, B., 1930, Wien: Gefügekunde der Gesteine. — [66] SCHEU-MANN, K. H., 1931, Sitzgsber. sächs. Akad. Wiss. Leipzig Bd. 84: Über die Bedeutung der mineralfaziellen Analyse für die Auffassung der meta-morphen Gesteine. — [67] SCHEUMANN, K. H., 1935, Sitzgsber. sächs. Akad. Wiss. Leipzig Bd. 87: Die Rotgneise der Glimmerschieferdecke des säch-sischen Granulitgebirges. — [68] SCHEUMANN, K. H., 1938, Z. Kristallogr., Mineral., Petrogr. Bd. 50: Über die petrographische und chemische Sub-stanzbestimmung der Gesteinsgruppe der roten Gneise des sächsischen Erz-gebirges und der angrenzenden Räume. — [69] SCHULLER, A., 1948, Hei-delbg. Beitr. Mineral. u. Petrogr. Bd. 1, H. 2/3: Petrogenetische Studien zum Granulitproblem an Gesteinen der Münchberger Masse. — [70] STAUB, R., 1915, Vjschr. naturforsch. Ges. Zurich Bd. 60; vgl. dazu [48], und HEIM, Geologie der Schweiz, Bd. II/1, S. 563 (Literatur), 685. — [71] SUESS, F. E., 1926, Berlin: Intrusionstektonik und Wandertektonik im variszischen Grund-gebirge. — [72] WENK, E., 1948, Schweiz. mineral. petrogr. Mitt. Bd. 28, H. 1: Beziehungen zwischen normativem und modalem Anorthitgehalt in Eruptivgesteinen und kristallinen Schiefern. — [73] WUNSCH, P., Diss. Hei-delberg: Gefügeanalytische und gesteinskundliche Untersuchungen im süd-lichen Vorspessart.

### C. Geologische Karten und Erläuterungen (Hessen)
### (und von Baden: Heidelberg).

| | |
|---|---|
| Birkenau (Weinheim) | KLEMM, 1905 und KLEMM, 1929. |
| Beerfelden | KLEMM, 1900. |
| Bensheim-Zwingenberg | CHELIUS-KLEMM, 1896 (1909). |
| Lindenfels | CHELIUS, 1901 und KLEMM, 1933. |
| Neunkirchen | CHELIUS, 1901 und KLEMM, 1918. |
| Erbach | KLEMM, 1897 und KLEMM, 1928. |
| Brensbach (Böllstein) | CHELIUS, 1897. |
| Heidelberg | ANDREÄ-OSANN, 1895 mit Korrekturen THURACH-SCHNARRENBERGER 1917. |

Odenwald-Übersichtskarte von KLEMM 1 : 100000, 1928.

Anschrift des Verfassers: Münster i. Westf., Grüner Grund 40.

# Sitzungsberichte

der

## Heidelberger Akademie der Wissenschaften

**Mathematisch-naturwissenschaftliche Klasse**

# Jahrgang 1952

Heidelberg 1952

Springer-Verlag

ISBN-13: 978-3-540-01746-2    e-ISBN-13: 978-3-642-45823-1
DOI: 10.1007/978-3-642-45823-1

# INHALT

**Jahrgang 1942.**

1. E. Gotschlich. Hygiene in der modernen Türkei. DM 0.60.
2. Studien im Gneisgebirge des Schwarzwaldes. XIII. O. H. Erdmannsdörffer Über Granitstrukturen. DM 1.60.
3. J. D. Achelis. Die Überwindung der Alchemie in der paracelsischen Medizin. DM 1.40.
4. A. Benninghoff. Die biologische Feldtheorie. DM 1.—.

**Jahrgang 1943.**

1. A. Becker. Zur Bewertung inkonstanter $\alpha$-Strahlenquellen. DM 1.—.
2. W. Blaschke. Nicht-Euklidische Mechanik. DM 0.80.

**Jahrgang 1944.**

1. C. Oehme. Über Altern und Tod. DM 1.—.

**1945, 1946 und 1947 sind keine Sitzungsberichte erschienen.**

---

*Ab Jahrgang 1948 erscheinen die „Sitzungsberichte" im Springer-Verlag.*

**Inhalt des Jahrgangs 1948:**

1. P. Christian und R. Haas. Über ein Farbenphänomen. DM 1.50.
2. W. Blaschke. Zur Bewegungsgeometrie auf der Kugel. DM 1.—.
3. P. Uhlenhuth. Entwicklung und Ergebnisse der Chemotherapie. DM 2.—.
4. P. Christian. Die Willkürbewegung im Umgang mit beweglichen Mechanismen DM 1.50.
5. W. Bothe. Der Streufehler bei der Ausmessung von Nebelkammerbahnen im Magnetfeld. DM 1.—.
6. W. Troll. Urbild und Ursache in der Biologie. DM 1.50.
7. H. Wendt. Die Jansen-Rayleighsche Näherung zur Berechnung von Unterschallströmungen. DM 2.40.
8. K. H. Schubert. Über die Entwicklung zulässiger Funktionen nach den Eigenfunktionen bei definiten, selbstadjungierten Eigenwertaufgaben. DM 1.80.
9. W. Schaaff. Biegung mit Erhaltung konjugierter Systeme. DM 1.80.
10. A. Seybold und H. Mehner. Über den Gehalt von Vitamin C in Pflanzen. DM 9.60.

**Inhalt des Jahrgangs 1949:**

1. H. Maass. Automorphe Funktionen und indefinite quadratische Formen. DM 3.60.
2. O. H. Erdmannsdörffer. Über Flasergranite und Böllsteiner Gneis. DM 1.20.
3. K. H. Schubert. Die eindeutige Zerlegbarkeit eines Knotens in Primknoten. DM 2.80.
4. K. Holldack. Grenzen der Herzauskultation. DM 4.20.
5. K. Freudenberg. Die Bildung ligninähnlicher Stoffe unter physiologischen Bedingungen. DM 1.—.
6. W. Troll und H. Weber. Morphologische und anatomische Studien an höheren Pflanzen. DM 7.80.
7. W. Doerr. Pathologische Anatomie der Glykolvergiftung und des Alloxandiabetes. DM 9.80.
8. W. Threlfall. Knotengruppe und Homologieinvarianten. DM 1.50.
9. F. Oehlkers. Mutationsauslösung durch Chemikalien. DM 3.80.
10. E. Sperner. Beziehungen zwischen geometrischer und algebraischer Anordnung. DM 3.—.
11. F. Heller. Ursus (Plionarctos) stehlini Kretzoi. DM 4.80.
12. W. Rauh. Klimatologie und Vegetationsverhältnisse der Athos-Halbinsel und der ostägäischen Inseln Lemnos, Evstratios, Mytiline und Chios. DM 10.50.
13. Y. Reenpää. Die Schwellenregeln in der Sinnesphysiologie und das psychophysische Problem. DM 1.60.